La belleza es verdad y la verdad belleza.
Es todo lo que necesitas saber en la tierra.

John Keats

Senté
a la belleza
para injuriarla,
pero ebria y sorda se ha dormido
en mis rodillas.

Tomás Salvador González

Dirección editorial:	Héctor Escobar
Director de la colección:	Gustavo Martín Garzo
Fotografía de cubierta:	José Ramón Vega
Diseño de la colección:	Miguel Riera
Maquetación:	Alberto R. Torices

ISBN: 978-84-10057-22-7

Dep. Legal: Le. 58-2024

Impreso en España — Printed in Spain

José Manuel Sánchez Ron
La belleza de la ciencia

De la belleza (14)

José Manuel Sánchez Ron

La belleza de **la ciencia**

EOLAS EDICIONES

ÍNDICE

*El binomio de Newton es tan bello como la
Venus de Milo. Lo que hay es poca gente que se
dé cuenta de ello.*

Fernando Pessoa

He dedicado mi vida profesional a la ciencia, primero como físico teórico y luego, durante mucho más tiempo, como historiador de la ciencia. A lo largo de todos esos años, de los muchos caminos por los que he transitado, he advertido que predomina en la sociedad la idea de que la ciencia, aunque sin duda enriquecedora y útil, es una actividad tan especializada, tan exigente desde el punto de vista técnico, tan reglada en sus métodos, que difícilmente se puede calificar a sus contenidos, a la cabeza las construcciones teóricas, de «bellos», que la belleza es cosa de otras actividades, de «las artes», de la pintura, escultura, música, poesía y similares, de, en definitiva, las llamadas «humanidades», un término éste que parece ser ajeno a la ciencia, como si esta no fuera también una creación humana. En mi opinión, la creación más característica, más elevada, la que más y mejor nos caracteriza como organismos vivientes.

Lamentablemente carezco de educación musical. Puedo apreciar la belleza de una composición musical —¡la arrebatadora «Quinta sinfonía» de Beethoven, por ejemplo!—, pero soy incapaz de leer la partitura que la representa, explica y contiene. Me consuela el hecho de que sí soy capaz de leer las intrincadas expresiones matemáticas —otro tipo de «partitura»— de la teoría de la relatividad general de Albert Einstein, y de apreciar su belleza, otro tipo de belleza. Creo, además, que con un poco de esfuerzo y de habilidad se puede transmitir esa belleza a los legos en ciencia. Sé, por supuesto, que es más fácil, más directo, apreciar la belleza de obras pictóricas, musicales o literarias que de las obras científicas, pero no es imposible. Y merece la pena, pues la ciencia nos permite conocernos mejor a nosotros mismos y al universo en el existimos.

Cuando trabajaba como físico, mi propósito era aportar nuevos conocimientos a la ciencia, y al convertirme en historiador lo que he pretendido, además de contribuir con reconstrucciones o explicaciones novedosas, es ayudar también a entender los procesos que subyacen en el desarrollo de la ciencia. Los procesos y el pensamiento de quienes los han protagonizado, personas e instituciones. Y he encontrado mucha belleza en la ciencia, una belleza que me gustaría poder transmitir a los demás.

No ignoro que la apreciación de la belleza depende de muchas variables, la mayor parte de carácter subjetivo; nuestros juicios pueden verse influidos poderosamente por elementos del tipo de sensibilidad a los colores (en el caso de la pintura), estados emocionales, educación recibida o la interpretación que otros han transmitido de la obra contemplada o escuchada. En la conferencia que pronunció en el acto de apertura del curso académico 1986-1987 y de inauguración de la Facultad de Bellas Artes ubicada en Cuenca, y refiriéndose al arte pictórico, el campo en el que más se emplea la palabra «belleza», el pintor abstracto Gustavo Torner manifestó: «No existe el arte, sólo existen las obras de arte. El arte es una cualidad inmaterial, no sabemos exactamente qué poseen todos esos objetos de arte en común». Y si no sabemos qué es realmente el arte, menos aún qué es la belleza. Como ejemplifica el «arte pictórico», el concepto, la apreciación de la «belleza», posee una fuerte carga subjetiva; no todos coinciden en la apreciación de la belleza de obras de, por ejemplo, Botticelli, Velázquez, Goya, Klee, Picasso, Mondrian, Kandinsky, Francis Bacon o Lucien Freud; y no se olvide que una manifestación, o tendencia, artística, es el denominado «feísmo», que proclama el valor estético de «lo feo». Y si pensamos en la música, no todos aplican la misma consideración de belleza a diferentes tipos de música (clásica, atonal, jazz, rock…).

De esa carga subjetiva en la apreciación de la «belleza» participa la ciencia, pero que nadie dude que se puede encontrar en ella. Intentaré demostrarlo a continuación, comenzando por la más básica de las ciencias, la Matemática. Si no lo consigo, al menos habré expuesto aquí algo de mi visión del mundo.

I

LA BELLEZA EN LA MATEMÁTICA

En un tan hermoso como conmovedor libro, titulado *A Mathematician's Apology* (1940), el matemático inglés Godfrey Harold Hardy (1877-1947) escribió:

> Un matemático, lo mismo que un pintor o un poeta es un constructor de modelos. Si éstos son más permanentes que otros, es porque están hechos con *ideas*. Un pintor realiza modelos con formas y colores, un poeta lo hace con palabras. Un cuadro quizá exprese alguna 'idea', pero lo normal es que ésta sea un lugar común o no tenga importancia. En la poesía, las ideas desempeñan un papel mayor; pero, como indica Housman, habitualmente se exagera la importancia de las ideas en poesía: [...] 'La poesía no es lo que se dice, sino la forma de decirlo'. [...]

Los modelos de un matemático, al igual que los de un pintor o un poeta deben ser *hermosos*; las ideas, como los colores o las palabras, deben ensamblarse de una forma armoniosa. La belleza es la primera señal, pues en el mundo no hay un lugar permanente para las matemáticas feas.

Las matemáticas, los modelos que la componen, decía Hardy, «deben ser hermosos». Como ejemplos, citaba en su libro dos teoremas de la teoría de números, el que recibe el nombre de «teorema fundamental de la aritmética» —que afirma que todo número entero puede descomponerse de una y sólo una forma en un producto de primos— y el de «los dos cuadrados» de Fermat, además del teorema de Cantor relativo a la «no numerabilidad» del continuo. Los dos teoremas le daban pie a manifestar:

Dije antes que un matemático era un constructor de modelos de ideas y que la belleza y la seriedad eran los criterios por los que estos modelos deberían ser juzgados. Difícilmente creería que una persona que haya comprendido estos dos teoremas dude de que se satisfacen estos requisitos. Si los comparamos con los pasatiempos de Dudeney, o con los más elegantes problemas de ajedrez planteados por los maestros de esta disciplina, su superioridad en ambos aspectos está clara: hay una inconfundible diferencia de clase. Son mucho más serios y también mucho más hermosos. ¿Podemos definir de un modo más preciso en qué reside su superioridad?

Confieso que no comparto la opinión de Hardy, posiblemente porque no tengo su sensibilidad: ya lo he dicho, la belleza se reconoce, pero no se puede definir, y en estos ejemplos de Hardy lo que es más importante para apreciar su «belleza» es poseer conocimientos previos muy especializados.

Dejando de lado por el momento el papel que desempeña la matemática en otras ciencias, en particular en la física, para mí la belleza en la ciencia de, por ejemplo, Euclides reside en las relaciones que existen entre los elementos de sus construcciones; relaciones estrictas, lógicas, que cumplen el requisito de no conducir a contradicciones. Son como las notas musicales de una sinfonía, que se combinan para producir un conjunto armonioso, una unidad, en este caso, proposiciones, teoremas, etc.

En uno de sus libros, *In Pursuit of the Unknown: 17 Equations that Changed the World* (2012), el buen matemático y excelente divulgador de la matemática británico Ian Stewart, expresó esta misma idea: «Las ecuaciones de la matemática pura revelan regularidades profundas y hermosas. Son válidas porque dados nuestros supuestos, básicos sobre la estructura lógica de las matemáticas, no hay alternativa. El teorema de Pitágoras, que es una ecuación expresada en el lenguaje de la geometría, es un ejemplo. Si aceptas los postulados básicos de Euclides sobre la geometría, entonces el teorema de Pitágoras es cierto».

Belleza y los Elementos de Euclides

Los «postulados básicos de Euclides» a los que hace referencia Stewart son los contenidos en los *Elementos* de Euclides (siglo IV a. C.), la obra matemática por excelencia, en la que con la precisión, elegancia y saber del cirujano mejor dotado, se elabora un acabado edificio de proposiciones matemáticas a partir de un grupo previamente establecido de definiciones y axiomas, que se combinan siguiendo las reglas de la lógica. Contiene 132 definiciones, 5 postulados, 5 «nociones comunes», o axiomas, y unas 465 proposiciones repartidas en 13 libros (partes). Aunque ciertamente a lo largo del tiempo, en las muchas ediciones que realizaron diferentes comentadores o traductores no siempre conocidos, se efectuaron cambios o simplificaciones, el contenido de los *Elementos* (geometría plana y de los cuerpos sólidos, junto a la teoría de los números), más de dos milenos después no ha perdido nada de su precisión, aunque ya no utilicemos algunas de las formas en que se realizan allí las demostraciones y sepamos que contiene axiomas que no son exclusivos; esto es, que es posible construir otros sistemas matemáticos, otras geometrías, utilizando postulados diferentes, tal es el caso de las geometrías no euclidianas de Gauss, Bolyai, Lobachevski y Riemann. Con Euclides, la ciencia matemática alcanzó, en su esencia, la perfección, la pureza de su estructura. Pero era la perfección y la pureza del pensamiento, independientemente de lo que realmente sucede en la naturaleza, aunque los *Elementos* se ocupen sobre todo de geometría, una disciplina, podríamos decir, «terrenal».

Albert Einstein y Bertrand Russell muestran el poder de atracción que posee la geometría expresada a la manera de los *Elementos*. En sus *Autobiographical Notes* (1949), Einstein recordó que cuando tenía doce años cayó en sus manos un librito sobre geometría euclidea: «Había allí asertos, como la intersección de las tres alturas de un triángulo en un punto, por ejemplo, que —aunque en modo alguno evidentes— podían probarse con tanta seguridad que parecían estar a salvo de toda duda. Esta claridad, esta certeza, ejerció sobre mí una impresión indescriptible.» Y enseguida añadía: «Si bien parecía que a través del pensamiento puro era posible lograr un conocimiento seguro sobre los objetos de la experiencia, el 'milagro' descansaba en un error. Mas, para quien lo vive por primera vez, no deja de ser bastante maravilloso que el hombre sea siquiera capaz de lograr, en el pensamiento puro, un grado de certidumbre y pureza como el que los griegos nos mostraron por primera vez en la geometría.» Y en el primer tomo de su autobiografía, Russell recordaba: «A los once años empecé a estudiar geometría, teniendo como preceptor a mi hermano. Fue uno de los grandes acontecimientos de mi vida, tan deslumbrante como el primer amor. Jamás había imaginado que pudiera haber algo tan delicioso en el mundo. Tras haber aprendido la quinta proposición, mi hermano me dijo que, generalmente, se la consideraba difícil, pero yo no había encontrado dificultad alguna. Fue aquélla la primera vez que vislumbré que podía tener cierta inteligencia».

Ya antes de Euclides y sus *Elementos*, algunas figuras geométricas se asociaron a la belleza. El *Timeo* de Platón (427-348 a. C.) ofrece un buen ejemplo en este sentido. Así, sobre algunos triángulos decía:

> de los dos triángulos, el isósceles tiene una única naturaleza; el escaleno infinitas, así pues, hemos de elegir de las infinitas la más bella, si hemos de comenzar como es debido; en consecuencia, si para la construcción de estos cuerpos, alguien puede elegir y dice uno más hermoso, él gana, no como enemigo, sino como amigo; sea ello como fuere, de entre los muchos triángulos asumimos, pasando por alto todos los demás, que uno sólo es el más hermoso;

aquél con dos del cual se construye el triángulo equilátero; la razón de ello es un discurso demasiado largo, pero para quien lo refute, descubriendo que no es así, el premio dispuesto es la amistad.

Otras estructuras geométricas que Euclides estudió son los denominados «sólidos platónicos», polígonos convexos cuyas caras son todas iguales, de ahí que se les pueda considerar «bellos». Sólo es posible construir cinco: el tetraedro (cuatro caras triangulares), el cubo (seis cuadrados), el octaedro (ocho triángulos), el dodecaedro (doce pentágonos) y el icosaedro (veinte triángulos).

El dodecaedro en particular tiene una historia curiosa que lo conecta con el mundo del arte. En el cuadro de 1495 de Jacopo de Barbari (c. 1460-1516), titulado «Luca Pacioli» (era un monje franciscano), sobre la mesa, a su izquierda, aparece un dodecaedro sólido (en otros lugares del cuadro también se muestran otras composiciones geométricas: una figura en una pizarra, en cuyo borde se lee «Euclides», colocada sobre la mesa; y suspendido a su derecha uno de los sólidos semirregulares de Arquímedes, el rombicuboctaedro, compuesto de ocho triángulos y dieciocho caras cuadradas). Lo notable del dodecaedro es que se compuso utilizando lo que se conoce como «proporción divina», o «proporción aúrea», que Euclides introdujo en los *Elementos* de la manera siguiente: dibujó una línea dividida de tal manera que el cociente del segmento más largo con el más pequeño fuese igual al cociente de la línea completa con el segmento más largo. Calculado, este cociente es un número irracional, aproximadamente, 1,618.

En su libro *De Divina Proportione* (Venecia, 1509), Pacioli declaraba que ese cociente euclidiano constituía un signo de lo «Divino», que, como los irracionales (los números que no se pueden expresar en términos de una fracción entre números enteros, y que poseen infinitas cifras decimales), se hallaba más allá de la razón y no podía ser expresado en palabras. Y añadía que el dodecaedro construido utilizando la divina proporción en los lados de los pentágonos que lo componen, simbolizada el cielo. Pacioli completó el manuscrito de este libro en Milán, donde servía en la corte de Ludovico Sforza. Cuando llegó allí en 1496 conoció a Leonardo da Vinci, que se había instalado en Milán en 1482. Se da la circunstancia de que en aquel momento Leonardo buscaba a alguien que le enseñase la perspectiva lineal, que quería utilizar para diseñar el mural que Sforza la había encargado para el convento de Santa Maria della Grazie (lo que sería «La última cena»). Como agradecimiento por las enseñanzas de Pacioli, Leonardo dibujó algunas figuras geométricas para el libro de este, entre ellas un dodecaedro abierto.

Veremos más adelante, cuando pase a considerar la belleza en la física, que Johannes Kepler pensó que los sólidos platónicos constituían la base de la estructura del Sistema Solar.

La belleza de la circunferencia y la esfera

Por mucho que fuera el atractivo de figuras como los sólidos platónicos, ninguna figura geométrica tuvo tanta fuerza, y ello durante al menos dos milenios, como la circunferencia y la esfera. En el ya citado *Timeo* de Platón se nos muestra la importancia de esta última:

Y [el constructor del mundo] le dio la forma congruente y acorde a su naturaleza: al ser vivo que en sí había de contener todos los seres vivos sería congruente la forma que en sí comprende cuantas formas existen; por ello lo torneó para que fuera esférico, guardando en toda su extensión la misma distancia desde el centro hasta los extremos, redondeado, la forma de todas más perfecta y semejante a sí misma, juzgando infinitamente más hermoso lo semejante a lo desemejante. Y con extremo cuidado lo hizo pulido en toda su superficie exterior, por muchas razones: en absoluto requería de ojos (pues nada visible había quedado en el exterior); ni de oído (pues tampoco audible); no había aire en torno que hubiera de ser respirado, ni tampoco requería órgano recibir en sí alimento y para a su vez expelerlo una vez digerido, pues nada salía de él ni a él se encaminaba de lugar alguno (pues no existía) a causa de su diseño, se proporcionaba a sí mismo su excreción como alimento y en todo era agente y paciente en sí y por sí, pues el que lo compuso consideró que sería mejor autosuficiente que necesitado de otras cosas, y no creyó oportuno dotarlo en vano de brazos (no habiendo necesidad de coger nada o de defenderse de nadie), ni de pies, ni en general de medios auxiliares para caminar, pues le asignó el movimiento propio de su cuerpo: el que, de los siete, corresponde especialmente a la razón y la inteligencia. Precisamente por ello, hizo que se moviera rotando uniformemente sobre sí mismo.

Esta imagen antropomórfica del mundo, se insertó en la cosmología, en donde las órbitas circulares reinaron supremas durante aproximadamente dos mil años: Ptolomeo (siglo II) las utilizó en el *Almagesto*, la cumbre de la cosmología geocéntrica (la Tierra en el centro de universo), introduciendo combinaciones de círculos —los epiciclos— para evitar problemas, como los que planteaban los movimientos retrógrados de Marte; y Nicolás Copérnico continuó empleándolos cuando propuso un modelo heliocéntrico (el Sol en el centro del universo) en su libro de 1543, *De revolutionibus orbium coelestium*. Y así se mantuvo hasta que Kepler encontró, siguiendo el modelo copernicano, que los planetas del Sistema Solar seguían trayectorias elípticas.

Belleza en ecuaciones matemáticas

Los sistemas, las construcciones matemáticas, efectivamente proporcionan manifestaciones de belleza, pero también se puede encontrar ésta en las ecuaciones matemáticas. En este caso, la justificación del calificativo de «belleza» reside en argumentos diferentes. Uno de ellos se manifiesta en la física, con ecuaciones que representan leyes del comportamiento de los fenómenos que tienen lugar en la naturaleza, al igual que en la propia estructura del espacio y el tiempo, pero otro argumento se encuentra en las ecuaciones matemáticas desprovistas, al menos en principio, de correlatos físicos, aunque acaso luego puedan ser encontrados. Un ejemplo en este sentido es la ecuación que se conoce como «fórmula», «identidad» o «relación» de Euler, atribuida al matemático alemán Leonhard Euler (1707-1783). Se trata de la expresión:

$$e^{ix} = \cos x + i \cdot \operatorname{sen} x$$

una ecuación que el físico Richard Feynman calificó en su magistral *Lectures on Physics* (vol. 1, cap. 22; 1963) como la «fórmula más notable de la matemática», su «joya».

Un caso particular de esta fórmula es cuando $x=\pi$ (recuérdese que $\cos\pi=-1$, $\text{sen}\,\pi=0$), que se transforma entonces en

$$e^{i\pi}+1=0$$

La belleza de esta ecuación se halla en la íntima relación que contiene entre el número e, base de los logaritmos naturales, i, la unidad de los números imaginarios, y π, el número irracional que muestra la relación entre la longitud de una circunferencia y su diámetro en un espacio euclidiano, esto es, plano.

II

LA BELLEZA DE LAS SIMETRÍAS

No ignoro que existen obras de arte que son bellas y que carecen de simetrías, pero belleza y simetría están relacionadas. Un muy notable matemático alemán, Hermann Weyl (1885-1955), escribió en un libro titulado, precisamente, *Symmetry* (1952):

> Si no me equivoco la palabra *simetría* tiene dos acepciones en el lenguaje corriente. En el primer sentido, *simétrico* significa algo así como bien proporcionado, bien equilibrado, y *simetría* indica esa especie de concordancia entre varias partes por la cual éstas concurren a integrarse en un todo. La *belleza* está ligada con la simetría. Así Policleto, que escribió un libro sobre la proporción y a quien los antiguos apreciaban por la armoniosa perfección

de sus esculturas, usa la palabra simetría, y Durero continúa en esta senda al establecer un canon de proporciones para la figura humana.

Estrictamente, «simetría» es un concepto matemático que se puede definir, muy elementalmente, como «una transformación que deja invariables los rasgos esenciales de un sistema u objeto». Acaso nadie haya mostrado con tanta sencillez como elegancia la relación entre «belleza» y «simetría» como Leonardo da Vinci —de quien me ocuparé más adelante— con su «El hombre de Vitruvio» (1501), también conocido como «Canon de las proporciones humanas»: en él representó a un hombre desnudo en dos posiciones sobreimpresas de brazos y piernas, insertado en una circunferencia y un cuadrado.

Desde el punto de vista de la matemática, «El hombre de Vitruvio» es un ejemplo de «simetría bilateral», la simetría de izquierda y derecha, muy característica en la estructura de los animales superiores, especialmente en el cuerpo humano; se trata, por supuesto, de un caso particular de la simetría definida dentro de la matemática.

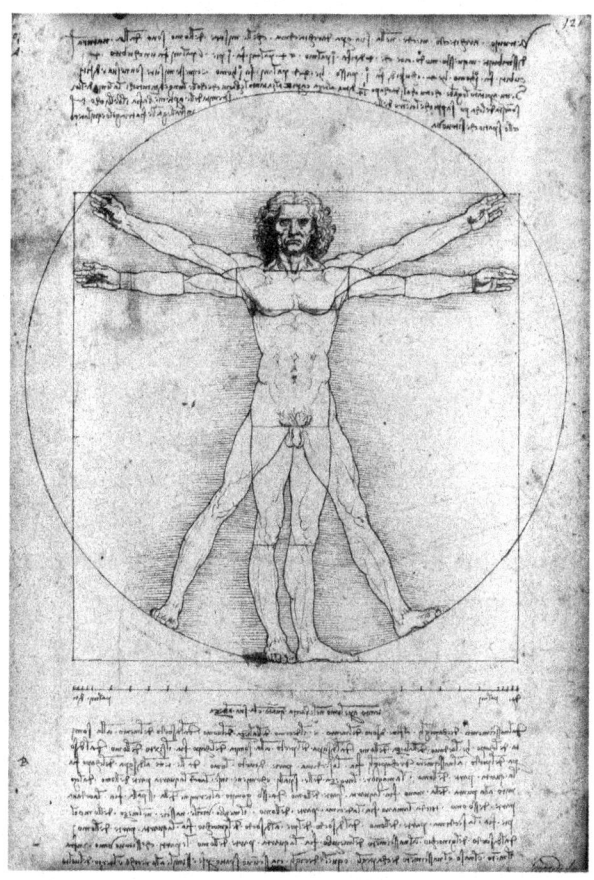

Hombre de Vitruvio, de Leonardo da Vinci
(Wikimedia Commons)

Que *la simetría es bella*, o que la percibimos como tal, es algo de lo que encontramos evidencia en múltiples obras producidas por los humanos. No es difícil encontrar buenos ejemplos: la simetría traslacional (invariancia bajo traslación espacial) de los soldados persas de la apadana (sala de audiencias) del palacio de Persépolis construido por Darío el Grande en torno al 515 a.C.; la simetría ornamental de frisos árabes (trataré de ella enseguida); la simetría octogonal del interior (al exterior se multiplica por dos) de la iglesia de Santa María de los Ángeles de Florencia, diseñada por Brunelleschi, que se comenzó a construir en 1434; la de un techo de los Reales Alcázares de Sevilla. Y si nos fijamos en la fachada del Partenón de Atenas, veremos que son evidentes diversas simetrías, además de ocultar otra regularidad matemática, la célebre «relación áurea», o «número de oro» en la relación entre su longitud y su anchura o en la curvatura de sus columnas. Asímismo, las dimensiones de las columnas se pueden relacionar con la serie 1, 1, 2, 3, 5, 8, 13, 21, 34, 55, 89, 144...; esto es, una serie en la que cada término es suma de los dos anteriores, denominada serie de Fibonacci (*c.* 1170-1250). Es sorprendente la variedad de manifestaciones que se encuentran de esta serie y de la «relación áurea»: volveré a este punto cuando trate de la belleza en la naturaleza.

III
BELLEZA ORNAMENTAL Y MATEMÁTICAS
EN EL MUNDO ISLÁMICO

No hay lugar en el que se hayan manejado tantas simetrías como en los patrones geométricos islámicos utilizados en muchos de los edificios más representativos de esa cultura. Como señaló Hermann Weyl en *Symmetry*: «Los grandes maestros en el arte geométrico de la ornamentación fueron los árabes. La abundancia de ornamentos de estuco que decoran los muros de factura árabe, como los de la Alhambra de Granada, es sencillamente abrumadora». Para conseguir semejante variedad, los árabes emplearon reticulados muy variados de figuras geométricas (triángulos, hexágonos, paralelogramos, completos o truncados, círculos, estrellas con diferentes números de puntas…) que entrelazados formaban intrincados patrones. En realidad, esos entrelazados son transformaciones de diversos tipos, no sólo las sencillas traslaciones o rotaciones sino otras más complejas, transformaciones de simetría que responden a algunos de los 17 grupos cristalográficos planos (volveré a este punto más adelante en la sección dedicada a la cristalografía). Se trata, en realidad, de «teselados», esto es, de figuras que recubren superficies planas de manera que no queden espacios libres ni que se superpongan.

Aunque no fueron los árabes los primeros que utilizaron teselas, sí que convirtieron esa «técnica» en un «arte» que continúa siendo admirado muchos siglos después de que alcanzará la maestría que se puede admirar en lugares como la Alhambra. Es interesante señalar que el hecho de que en el mundo islámico se recurriera a combinaciones de estructuras geométricas se debió a que para los mahometanos la representación de la anatomía estaba completamente prohibida.

Entre la variedad de configuraciones introducidas por los árabes, una jugaba no sólo con giros o traslaciones de figuras geométricas, sino que también lo hacía con colores: formaban un conjunto compuesto de tal manera que la misma figura se podía ver, en un color diferente, girando o trasladándola.

Muy probablemente, los árabes desconocían las bases matemáticas profundas de las composiciones con que adornaban las paredes de palacios como el de la Alhambra, pero aun así se puede decir, como hizo Jacob Bronowski en su famosa serie de televisión en la BBC (1973), origen posteriormente de un libro, *The Ascent of Man* (1974), que «en la civilización árabe, el artista y el matemático eran uno.» En el mismo sentido, en otro lugar de su libro escribía: «El mayor logro de las matemáticas árabes fue el hecho de reflexionar sobre las posibles formas de estos patrones, agotando en la práctica todas las posibilidades de las simetrías en el espacio (al menos en dos dimensiones). Y fue indiscutible durante mil años.» Eso sí, fueron las suyas contribuciones, diríamos, «empíricas» a la matemática. Uno no puede evitar un sentimiento de asombro sabiendo que los artistas árabes que elaboraron esos mosaicos lo hicieron desconociendo la matemática que subyacía en ellos, tal vez una muestra más de que existe una «matemática inconsciente, intuitiva» que se desarrolla, heurística y mentalmente, antes de que se haya deducido de sistemas matemáticos bien establecidos.

IV

M. C. ESCHER,
HEREDERO DE LA TRADICIÓN ÁRABE

L os logros artísticos, al igual que las ideas, no
mueren, al menos no algunos, y uno de los
lugares en donde se encuentra una de esas huellas,
en este caso de los teselados árabes, es en la obra
del holandés Maurits Cornelis Escher (1898-1972).
Sus dibujos más conocidos pueden considerarse
enraizados con el arte ornamental islámico, con
los mosaicos de cerámica de diferentes formas y
colores que se agrupan entre sí —de hecho, Escher
visitó la Alhambra en 1922 y 1936—, aunque él
introdujo la novedad de generar tramas geométricas de gran complejidad, figuras imposibles.

Al recordar la obra de Escher (litografías,
xilografías, grabados, dibujos...) vienen inmediatamente a la mente sus complejas, imposibles,

composiciones, sus ilusiones ópticas y sus mundos imaginarios: escaleras que suben al mismo tiempo que bajan; «Manos dibujando» en las que dependiendo de por dónde empecemos a mirar vemos que una mano dibuja a la otra o viceversa, y hormigas que se desplazan por una cinta de Moebius, como en la xilografía «Metamorfosis espacio-tiempo». No obstante, Escher comenzó dibujando obras que, aunque ya revelan detalles de su peculiar estilo, se pueden calificar de «realistas». Primero fueron plantas, insectos y personas lo que atrajo su atención: obras como «Girasoles» (1918) o «Delfines» (1923). Y también paisajes: pueblos de calles estrechas, alambicadas; edificios rectangulares, ambientados sobre todo en Italia, país en el que vivió entre 1923 y 1935; situaciones imaginadas como la que plasmó en «La catedral sumergida» (1929); o montañas misteriosas, con un halo de irrealidad. Y siempre alternando el blanco con diferentes tonalidades en negro, como si de esa manera quisiera ahondar en los oscuros misterios que nunca le abandonaron.

Fue a partir de 1937 cuando el carácter de su obra cambió concentrándose en una combinación de formas regulares y espacios alterados, dibujos en los que no siempre es posible ver todo el conjunto y que son mucho más conocidos y admirados que los anteriores. Escarabajos en blanco que coexisten con otros en negro, y que no podemos ver simultáneamente, aves que se convierten en peces. Es preciso «pulsar», como si dijéramos, una tecla del cerebro para pasar de una figura a otra. No sorprendentemente se han vinculado sus ilusiones ópticas con la *Gestalt* —«configuración» o «forma»—, la corriente psicológica que nació en Alemania a comienzos del siglo xx, y que tuvo como sus principales proponentes a Max Wertheimer, Wolfgang Köhler y Kurt Koffka. Según la *Gestalt*, la conciencia se centra en una figura que protagoniza nuestra percepción, no siendo posible percibir simultáneamente aquello que aparece en el fondo. El todo es más que las partes. Existen, en definitiva, elementos en los que la conciencia se fija y elementos que esta ignora. Puro Escher.

Como si fuera un ovillo de lana que al desenrollarse va mostrando conexiones ocultas, Wertheimer, Köhler y Koffka fueron estudiantes del filósofo, fisiólogo y matemático Carl Stumpf, que a su vez lo había sido de Franz Brentano, quien por su parte se vio influido por las ideas del físico Ernst Mach, que también navegó por los océanos de la fisiología, psicología y filosofía, dominio en el que defendió que las teorías científicas deben incluir únicamente relaciones entre percepciones, y que le condujo a ideas acerca de la naturaleza del espacio y el tiempo que influyeron poderosamente en el Albert Einstein de la teoría de la relatividad especial. Por cierto, una de las litografías de Escher de 1953, se titula «Relatividad», una relatividad que se manifiesta en personas que suben por escaleras a la vez que otras descienden por escaleras «inversas», mientras que otras más caminan por planos de imposible coexistencia. Una particular visión de la relatividad einsteiniana de 1905, en la que la realidad depende del plano (sistema) de referencia que se elige.

Y no es sólo la psicología o la física de la relatividad las que se pueden relacionar con la obra de Escher, también está la matemática. Varios de sus grabados son representaciones de uno de los tipos de espacios no euclidianos, el de Lobachevski. Es el caso, por ejemplo, de la xilografía titulada

Circle Limit I, de M. C. Escher (WikiArt)

«Círculo límite I» (1958), donde coexisten peces blancos y negros, y en la que al ser imposible dibujar fielmente en el plano euclidiano un espacio no euclidiano, esos peces se van apiñando y disminuyendo de tamaño en los bordes del círculo que limita el dibujo. El premio Nobel de Física y notable matemático Roger Penrose, explicó el significado de esta xilografía en su libro *The Emperor's New Mind* (1989):

> El famoso artista holandés Maurits C. Escher ha concebido algunas representaciones muy hermosas y exactas de esta geometría [la de Lobachevski]. Cada pez negro debe ser imaginado, según la geometría lobachevskiana, del mismo tamaño y forma que cualquiera de los otros peces negros, y lo mismo es válido para los peces blancos. La geometría no puede representarse de forma completamente exacta en el plano euclidiano ordinario; de ahí el aparente apiñamiento en las proximidades del contorno circular.

No es sorprendente que Penrose se ocupara de la obra de Escher porque él mismo popularizó uno de esos objetos imposibles, el denominado «triángulo de Penrose», un triángulo formado por tres tramos rectos de sección cuadrada, que se unen formando ángulos rectos, combinación imposible en un espacio tridimensional euclidiano; una litografía de Escher, «Cascada» (1961), utiliza dos triángulos de Penrose. Y otro tanto se puede decir de la «escalera de Penrose», que Roger y su padre, el psiquiatra, matemático y maestro del ajedrez, Lionel Sharples Penrose, presentaron junto a otros objetos «imposibles» en un artículo de 1958: «Impossible Objects: A Special Type of Visual Illusion», *British Journal of Psychology 49*, pp. 31-33. En un artículo dedicado a su padre, Roger Penrose recordaba que supo de los dibujos de Escher durante el Congreso Internacional de Matemáticos que tuvo lugar en Ámsterdam en el verano de 1954: «Allí asistí a una exposición del artista holandés M. C. Escher, del que antes nunca había oído hablar. Me asombró lo que vi, en particular el uso extraordinario que Escher hacía de imágenes mutuamente inconsistentes. A mi regreso a Inglaterra me dediqué a dibujar yo mismo algo 'imposible', aunque diferente de las ideas que Escher había utilizado, y en su momento simplifiqué la idea que tenía en la mente hasta llegar al *triángulo imposible* que subsiguientemente se conoció como el '*tribar*'. Se lo enseñé a mi padre, que inmediatamente se puso a diseñar otras 'estructuras imposibles'. Recuerdo, en particular, que se refirió a su 'colegio imposible'. Más tarde llegó a su 'escalera imposible', por la que se puede subir indefinidamente. Entonces unimos fuerzas y escribimos un artículo conjunto sobre el asunto, que decidimos era un tema propio de psicología y lo publicamos en el *British Journal of Psychology*. Enviamos una copia de este artículo a Escher en el que reconocíamos su influencia a través del catálogo de la exposición de Ámsterdam. Subsiguientemente, Escher utilizó de la escalera de mi padre y mi triángulo en dos de sus litografías más conocidas: 'Subiendo y bajando' [1960] y 'Cascada' [1961], y fue generoso al reconocer la fuente de estas particulares ideas.»

Geometrías matemáticas, simetrías y arte unidas en una nueva combinación de indudable belleza.

V

EL VALOR DE LA MATEMÁTICA

Los ejemplos anteriores sirven para mostrar que es posible hablar de «belleza» en la matemática, una disciplina que muchos consideran árida y compleja, ensimismada en un mundo propio. Tal vez semejante manifestación ayude a entender que una cultura que no comprende, dificulta, o no fomenta el acceso a los tesoros y posibilidades que la matemática alberga, es una cultura miope, torpe, limitada. No se necesita ser Rembrandt, Beethoven o Kafka para comprender lo que son y qué significan la pintura, la música o la literatura. Tampoco ser Euler o Hilbert para comprender qué son y qué significan las matemáticas. A ese valor inmortal se refirió Hardy en unos párrafos memorables de *A Mathematician's Apology*:

Las civilizaciones babilónica y asiria han perecido [...] pero sus matemáticas son todavía interesantes y el sistema sexagesimal de numeración se utiliza todavía en astronomía. [...] Las matemáticas griegas 'perduran' más incluso que la literatura griega. Arquímedes será recordado cuando Esquilo haya sido olvidado, porque las lenguas mueren y las ideas matemáticas no.

Ojalá Esquilo y la buena literatura de todos los tiempos y todos los lugares-idiomas no sea olvidada nunca, esforcémonos en ello al igual que en conservar lo más sano posible nuestros idiomas, pero lo que nunca morirá, mientras exista civilización humana, serán, como señalaba Hardy, verdades matemáticas como el teorema de Pitágoras, o lo que es y representa el número π.

Entender la demostración del teorema de Pitágoras; comprender que existen otros números además de los enteros; utilizar el cálculo diferencial o integral para calcular cosas sencillas como velocidades, áreas o volúmenes; darse cuenta de que existen diferentes grados de infinito, o que hay otras geometrías (otros tipos de espacios posibles) además de las familiares (euclidianas) en base a las cuales organizamos nuestras experiencias, nuestro mundo; comprender todo esto constituye una experiencia inolvidable. Nadie es igual después de haber pasado por semejantes experiencias; en cierto sentido le cambian a uno la vida porque se da cuenta de lo que es capaz de hacer, de comprender que existe un universo mental al que puede acceder, aunque sólo sea asomándose a territorios que seguramente esconden otros tesoros intelectuales, muchos de ellos inaccesibles sin someterse, ahora ya sí, a un largo y exigente proceso educativo. El primer amor, contemplar un cuadro de Fra Angelico, de Vermeer o de Mondrian, leer un texto de Cervantes, Shakespeare o Neruda, escuchar una pieza de Mozart o una canción de los Beatles pueden suscitar en cualquiera emociones o sensaciones inolvidables, pero no del tipo de las que provocan las matemáticas, posiblemente el único, y el mejor, instrumento para darnos cuenta de que aunque no seamos una especie elegida, sí somos privilegiada en lo que a posibilidades y variedad de comprensión se refiere. Algo de esto quería decir el matemático Carl Gustav Jacobi cuando escribió a Legendre el 2 de julio de 1830: «la finalidad primordial de las matemáticas» no consiste en «su utilidad pública y en la explicación de los fenómenos naturales, [sino en] rendir honor al espíritu humano».

VI

LA BELLEZA EN LA FÍSICA

Llego a un punto, el de la belleza en la física, que, en el fondo, se confunde con la belleza matemática, pues existe una conexión íntima entre la matemática y la física teórica, esa rama de la física que busca codificar la estructura de la naturaleza y desvelar y predecir el comportamiento de los fenómenos que se dan en ella.

La física tiene por objeto la identificación de todas las fuerzas y propiedades de los fenómenos que se dan en la naturaleza, al mismo tiempo que de la estructura del espacio y el tiempo, del universo, en el que esos fenómenos tienen lugar, y encontrar las regularidades, las leyes, que obedecen esos fenómenos.

Un primer punto a señalar es que las leyes que busca la física están codificadas en términos matemáticos. Y esto lleva a la pregunta de por qué es así. El físico de origen húngaro, nacionalizado estadounidense más tarde, Premio Nobel de Física por sus contribuciones a la física nuclear y de altas energías a través del descubrimiento y aplicación de principios de simetría, Eugene Wigner, expresó de manera exquisita este característica y problema en una conferencia dictada en la Universidad de Nueva York en mayo de 1959, y publicada posteriormente en la revista *Comunications in Pure and Applied Mathematics* (1960): «The unreasonable effectiveness of mathematics in the natural sciences». En el mismo sentido, Einstein, en una conferencia que pronunció en la Academia Prusiana de Ciencia el 27 de enero de 1927, se preguntaba: «¿Cómo puede ser que la matemática —un producto del pensamiento humano independiente de la experiencia— se adecue tan admirablemente a los objetos de la realidad?». En efecto, ¿por qué, es tan eficaz?

En la entrada «Filosofía de la matemática» de su *Diccionario de Lógica y filosofía de la ciencia* (2010), Jesús Mosterín y Roberto Torretti reflexionaban sobre la naturaleza de la matemática en los siguientes términos:

Dar cuenta de la excepcional y paradójica situación de la matemática en el conjunto del saber siempre ha constituido un reto para la filosofía. Aunque universalmente admirada por su incomparable solidez, objetividad y seguridad, nadie sabe explicar muy bien de dónde procede esa seguridad ni a qué objetos alude esa objetividad. ¿Dónde están los objetos de la matemática? ¿En un mundo aparte de formas puras, como quería Platón, o en las cosas naturales mismas, como pensaba Aristóteles, o en la intuición pura del sujeto transcendental, según Kant, o en el pensamiento introspectivo del matemático individual, como pretendía Brouwer o en las manchas de tinta sobre las páginas de los libros de matemáticas, según sugería Hilbert? La matemática parece mucho más segura que las ciencias empíricas. Los resultados de la física siempre son provisionales y cambiantes, mientras que las verdades matemáticas, una vez probadas, quedan demostradas para siempre.

Una posibilidad es que la matemática sea la única disciplina científica cuyas entidades no son sombras como a las que se refería Platón en su famoso mito de la caverna —incluido en uno de sus libros, *La República*— que por algún motivo nos permitan acceder a la auténtica realidad. Desde este punto de vista, la «irrazonable efectividad de la Matemática en las ciencias naturales» dejaría de ser tal (esto es, «irrazonable»); más bien, lo que tendríamos es que, como uno de los productos del largo proceso evolutivo de «prueba y error», la naturaleza habría producido unos seres, al menos nosotros, los *Homo sapiens*, que «descubrieron» un elemento básico del mundo: la Matemática. Sucede, además, que las leyes más básicas de la naturaleza, que se codifican en términos (ecuaciones) matemáticos y se obtienen en general observando los fenómenos naturales, cobran vida propia, prediciendo con frecuencia la existencia de fenómenos antes insospechados.

El físico alemán Henrich Hertz (1857-1894), que en 1888 demostró experimentalmente la existencia de las ondas electromagnéticas que se deducían de las ecuaciones del electromagnetismo formuladas por James Clerk Maxwell en la década de 1860, manifestó la misma idea en una conferencia que pronunció el 1889, durante el 62 Deutscher Naturforscher und Aerzte (Congreso de la Naturalistas y Médicos Alemanes) celebrado en Heidelberg, y publicada el año siguiente («Ueber die Beziehungen zwischen Licht und Elektricität ein Vortrag»):

Uno no puede dejar de pensar que estas fórmulas matemáticas tienen una existencia independiente y una inteligencia propia, que son más sabias que nosotros, más sabias incluso que sus descubridores, que obtenemos de ellas más de lo que originariamente pusimos en ellas.

Pero volviendo al asunto que me ocupa ahora, ¿qué se puede decir de la belleza en la física?

Belleza y verdad en la Física según Paul Dirac

En el tomo correspondiente a 1938-1939 de los *Proceedings of the Royal Society* de Edimburgo, Paul A. M. Dirac (1902-1984), uno de los creadores de la mecánica cuántica, publicó un artículo titulado «The relation between mathematics and physics», en el que resaltaba el papel de la belleza en las ecuaciones de las leyes de la física. De hecho, más que de «ideas» se trataba de una auténtica «filosofía de la naturaleza», o de una «visión del mundo». De entrada, Dirac señalaba que junto al experimento y a la observación, la otra característica de la física —a la que adjudicaba preeminencia, o un carácter básico, en el estudio de los fenómenos naturales— era el método del «razonamiento matemático». Establecido esto, se preguntaba cuál era el rasgo dominante en la aplicación de la matemática a la física. Inicialmente, señalaba, había sido buscar ecuaciones cuya forma fuese «simple» («*principio de simplicidad*»), característica que encontraba en las leyes de la dinámica que había establecido en 1687 Isaac Newton. Pero el desarrollo de la física había derrumbado semejante creencia: las ecuaciones de la relatividad einsteiniana eran menos «simples» que las newtonianas, por ello, afirmaba, «debemos cambiar el principio de simplicidad por un *principio de belleza matemática*. En sus esfuerzos por expresar las leyes fundamentales de la Naturaleza el investigador debería buscar sobre todo la belleza matemática».

Ante uno de los grandes retos de la física, de su tiempo al igual que en el de antes y en el de después, el de encontrar sistemas teóricos que describan cuantos más fenómenos e interacciones mejor (*unificación*), Dirac aconsejaba «comenzar escogiendo aquella rama de la matemática que uno piense constituirá la base de la nueva teoría». Y añadía:

> En esta elección, uno se verá muy influido por consideraciones de belleza matemática. Probablemente, sería una buena cosa dar también preferencia a aquellas ramas de la matemática en las que subyaga un grupo de transformaciones interesante, ya que las transformaciones desempeñan un importante papel en la moderna teoría física: tanto la relatividad como la teoría cuántica parecen demostrar que las transformaciones tienen una importancia más fundamental que las ecuaciones.

Efectivamente, las transformaciones, y a la cabeza de ellas las que imponen condiciones de simetría, son muy importantes en la física, hasta el punto de que «la simetría dicta el diseño», o en términos de física «dicta cómo son las interacciones, las fuerzas responsables de los fenómenos que se dan en la naturaleza».

Otro de los físicos más destacados del siglo xx, Richard Feynman (1918-1988), se refirió al papel que desempeñan las simetrías en las leyes de la física, durante una de las conferencias (*Messenger Lectures*) que pronunció en la Universidad de Cornell en noviembre de 1964, reunidas luego en un libro, *The Character of Physical Law* (1967):

> Al hombre le fascina la simetría. Nos gusta ver simetría en la naturaleza. Nos fijamos, por ejemplo, en las esferas perfectamente simétricas que pueden ser los planetas y el Sol, o en los cristales simétricos de los copos de nieve, o en las flores que son casi simétricas. Sin embargo, lo que yo quiero discutir ahora no es la simetría de los objetos naturales; lo que pretendo analizar es la simetría de las propias leyes de la física. Es fácil entender que un objeto puede ser simétrico, ¿pero qué significa que una ley física posea simetría?

La respuesta a esta pregunta, en principio, no es difícil. Una ley física posee simetría cuando las ecuaciones en las que está codificada esa ley no cambia de forma —se dice que «permanece invariante»— cuando se les aplica la transformación que describe la simetría en cuestión.

Pero regresemos a Dirac.

En el fondo, al igual que Torner con respecto al arte, Dirac reconocía que la belleza matemática «es una cualidad que no se puede definir, lo mismo que no se puede definir la belleza en el arte, pero que normalmente las personas que estudian matemáticas no tienen dificultad en reconocer».

La metodología científica defendida por Dirac se acomodaba bien a su carácter humano, forjado en condiciones de gran dureza: su padre le obligaba a hablar en un idioma, el francés, con el que no se sentía cómodo, por lo que optó por reducir al mínimo sus conversaciones; también le apartó de su madre y hermanos, que, por ejemplo, comían en otro lugar de la casa, mientras que él lo hacía con su padre. Fruto de aquellas experiencias, Dirac tendió a vivir en un mundo mental independiente, centrado en sí mismo. No es de extrañar, por consiguiente, que diese tanta importancia a la matemática, a la matemática *bella*, en su aproximación a la física; al fin y al cabo la matemática es uno de los ejemplos más limpios de objetos ideales, platónicos, que obedecen a una lógica propia, al margen, en principio, del mundo fenoménico; fuera de, se podría incluso decir, las miserias de la vida real.

En cualquier caso podría pensarse que las tesis de Dirac no eran más que opiniones, declaraciones programáticas sobre *cómo debería procederse* en la búsqueda de las leyes fundamentales de la física, *qué forma deberían tener* tales leyes, un objetivo a perseguir y que sirviese para valorar leyes candidatas. Sin embargo, en el caso de Dirac lo que sucedió es que sus trabajos en física tuvieron como elemento destacado, con frecuencia primordial, ese tipo de matemática, leyes matemáticamente «bellas». Al ser preguntado, en el año 1955, cuando era profesor visitante en la Universidad de Moscú, cuál era, resumida brevemente, su filosofía de la física, escribió en la pizarra:

«Las leyes físicas deben tener belleza matemática»

La ecuación relativista del electrón, que produjo en 1928 y que condujo a la predicción teórica de la antimateria, constituye un magnífico ejemplo. En cierto sentido se puede decir que la «construyó» buscando «ecuaciones bellas».

No obstante los magníficos resultados que obtuvo, si no se precisa más la filosofía, la epistemología de la ciencia promulgada por Dirac, su idea acerca del papel de la belleza matemática en la física plantea de entrada un grave problema. Si, por ejemplo, escribimos con todos los términos que intervienen en ellas las ecuaciones del campo electromagnético de Maxwell, o las del campo de la teoría de la relatividad general que Einstein completó en 1915, una teoría que con buenos argumentos ha sido calificado como «una de las construcciones más hermosas de la física», uno no ve en ellas mucha belleza, ésta se encuentra únicamente cuando entiende los principios de simetría-invariancia que subyacen en ellas: la invariancia bajo transformaciones conformes en el caso de la teoría de Maxwell, y la invariancia bajo transformaciones arbitrarias de coordenadas en la de Einstein. De hecho, si tomamos una ley mucho más sencilla de expresar matemáticamente, como es la segunda ley de la termodinámica, la del crecimiento de la entropía, que se escribe como $dQ/T \geq 0$, ¿dónde está su belleza?

La belleza en la Física según Steven Weinberg

Steven Weinberg (1933-2021), un distinguido físico teórico estadounidense, Premio Nobel de Física en 1979 por sus trabajos sobre la unificación de las fuerzas fundamentales de la naturaleza, dedicó uno de los capítulos de su libro *Dreams of a Final Theory: The Search for the Fundamental Laws of Nature* (1993) a «La belleza de las teorías». Escribía allí:

> ¿Qué es una teoría bella? El conservador de un gran museo de arte norteamericano se indignó en cierta ocasión por mi utilización de la palabra 'belleza' en relación con la física. Decía que, en su área de trabajo, los profesionales habían dejado de utilizar esta palabra porque se dieron cuenta de lo imposible que era definirla. [...]
>
> No trataré de definir la belleza, como tampoco trataré de definir el amor o el miedo. Uno no define esas cosas, las conoce cuando las siente. Más tarde, después de que eso se ha producido, se puede a veces ser capaz de decir algo para describirlo, y eso es lo que yo trataré de hacer aquí.
>
> Por la belleza de una teoría física yo no entiendo simplemente la belleza mecánica de sus signos en la

página impresa. [...] También distinguiré el tipo de belleza de la que estoy hablando aquí de la cualidad que los matemáticos y los físicos llaman a veces elegancia. Una prueba o un cálculo elegante es aquel que consigue un resultado poderoso con un mínimo de complicaciones irrelevantes. No es importante para la belleza de una teoría el que sus ecuaciones tengan soluciones elegantes. Las ecuaciones de la relatividad general resultan difíciles de resolver excepto en las situaciones más sencillas, pero esto no está en contra de la belleza de la teoría misma, Según Einstein, los científicos deberían dejar la elegancia para los sastres.

La simplicidad es parte de lo que yo entiendo por belleza, pero se trata de una simplicidad de ideas, no de la simplicidad de tipo mecánico que puede medirse contando ecuaciones o símbolos.

Para Weinberg, una de las características de la «simplicidad» era «el sentido de inevitabilidad que la teoría puede darnos», una atributo que extendía también al arte: «Al oír una obra musical o escuchar un soneto, uno siente a veces un intenso placer estético en el sentido de que nada en la obra podría ser cambiado, que no existe una nota o una palabra que a uno le hubiera gustado que fuera diferente.

En la *Sagrada Familia* de Rafael la colocación de cada figura en el lienzo es perfecta». En la ciencia, el ejemplo favorito de Weinberg (y mío) era el de la teoría de la relatividad general: «Una vez que usted conoce los principios físicos generales adoptados por Einstein, usted comprende que Einstein no hubiera podido llegar a otra teoría de la gravitación significativamente diferente».

Continuaba Weinberg, asociado a los principios de simplicidad e inevitabilidad, íntimamente ligados a ellos, se hallan los «principios de simetría», la afirmación de que algo se ve igual desde diferentes puntos de vista. De nuevo, pues, la simetría. Y en este punto, y coincidiendo con Feynman, añadía que aunque es evidente que existen simetrías que nos son muy evidentes, como la simetría bilateral aproximada del rostro humano, «las simetrías que son realmente importantes no son las simetrías de las *cosas*, sino las simetrías de las *leyes*.

Simetrías, invariancias y leyes de conservación

Ya he mencionado que existe una relación íntima entre simetrías e invariancias, hasta el punto de que las simetrías son denominadas también «principios de invariancia». Así, el espacio, el «hogar» en el que habitamos, cumple varios principios de invariancia: no cambia bajo traslaciones espaciales o temporales, ni bajo rotaciones. En el caso de la teoría de la relatividad especial (Albert Einstein, 1905) el principio de simetría/invariancia se formula de la manera siguiente: «todas las leyes de la física deben tener la misma forma independientemente del sistema de referencia inercial —aquellos que se mueven entre sí con velocidad uniforme— desde el que se observe». Se trata de un principio que también se conoce como «de Galileo», y al que ya obedecía la mecánica formulada en 1687 por Isaac Newton (la diferencia entre esta teoría y la relatividad especial es que ésta última debe satisfacer otro requisito, «la constancia de la velocidad de la luz independientemente del estado de movimiento de cuerpo que la emite»). Y, como ya señalé, en la teoría de la relatividad general (Einstein, 1915), que únicamente describe la fuerza gravitacional, el principio de simetría/invariancia que debe cumplir es que «las leyes de la física deben tener la misma forma independientemente del sistema de coordenadas en que se expresen», lo que implica que todos los sistemas de referencia son equivalentes, incluyendo los no inerciales.

Además de simetrías como las anteriores, en la física existen otras simetrías menos «obvias», simetrías que aparecen sobre todo en la física cuántica, en, por ejemplo, el denominado modelo estándar, el sistema teórico que incorpora, unificándolas, las teorías relativistas y cuánticas de las interacciones fuerte, electromagnética y débil.

Podría pensarse que todas las leyes fundamentales de la física deben satisfacer algún principio de simetría; al fin y al cabo, ¿no decimos que la naturaleza es bella, y que las simetrías están asociadas a la belleza? Sin embargo, no es así. Hace tiempo que se sabe que existen leyes del microcosmos que violan algunos requisitos de simetría, que hay «ruptura de simetría», rupturas que en la física cuántica pueden involucrar magnitudes necesarias para describir las fuerzas que existen en la naturaleza, magnitudes como el espacio, el tiempo, las cargas eléctricas y de otros tipos. Un ejemplo particularmente sencillo es el de la «paridad», o inversión espacial, una operación en la que se pasa de una posición, digamos r, a $-r$. Fueron dos físicos de origen chino, pero instalados en Estados Unidos, Tsung-Dao Lee y Chen Ning Yang, quienes en 1956 propusieron que en la interacción débil no se cumple el principio de simetría según el cual la naturaleza es la misma respecto a la derecha y la izquierda, propuesta que demostró experimentalmente en 1957 la física Chien-Shiung Wu, también de origen chino y que trabajaba en Estados Unidos.

La importancia de las simetrías se ve reforzada por un resultado al que llegó en 1918 la matemática alemana Emmy Noether (1882-1935), que revelaba que existía una estrecha relación entre simetrías y leyes de conservación, y no se olvide la importancia que éstas tienen para que el mundo sea, digamos, «ordenado» y no sumido en un caos impredecible. Es el denominado «teorema de Noether». (El artículo en el que publicó este resultado se titulaba

«Invariante Variationsprobleme», y apareció en la revista *Nachrichten der Königlichen Gesellschaft der Wissenschaften zu Göttingen, Mathematisch-Physikalische Klasse*.) Fue utilizando el teorema de Noether como un matemático de Gotinga, Eric Bessel-Hagen, demostró en 1921 un resultado tan general e importante como el de que las, conocidas con anterioridad, diez leyes de conservación de la mecánica newtoniana estaban ligadas a simetrías, a las diez transformaciones del grupo de Galileo: las leyes de conservación de la energía, del momento lineal y del momento angular, son consecuencia de, respectivamente, la invariancia bajo traslaciones temporales, traslaciones espaciales y rotaciones espaciales, mientras que la ley de conservación que expresa el movimiento uniforme del centro de masa surge de las transformaciones entre sistemas inerciales en movimiento relativo (principio de relatividad).

El cubismo y la Física

Un punto que quiero mencionar es el de que, basándose en que la teoría de la relatividad especial pone en pie de igualdad las diferentes «perspectivas» de los observadores, se ha argumentado que puede existir una relación entre esta y una de las manifestaciones (o estilos) artísticas, el cubismo. Al fin y al cabo la idea de los cubistas es la coexistencia de más de un ángulo de visión en el lienzo, esto es, utilizar los diferentes planos y perspectivas para representar una misma realidad, distorsionándola con respecto a anteriores patrones. Sin embargo, a pesar de esta coincidencia, no parece que la teoría de Einstein sea responsable del nuevo estilo de pintura que irrumpió en el inicio del siglo XX. De hecho, los orígenes del movimiento cubista se encuentran en 1907, cuando pocos —y desde luego sólo físicos y algún matemático— habían oído hablar de la relatividad especial. Las obras de Braque, de Picasso no eran teóricas; su método creativo se basaba en la memoria visual. Lo que realmente deseaban los pintores cubistas era liberarse de lo que consideraban convenciones estilísticas rigurosas; su problema era expresar la experiencia subjetiva del artista y cómo trasladar esa experiencia al lienzo.

La mención del cubismo me lleva de vuelta a algo que señalé al principio: las diversas maneras y sensibilidades de apreciar la belleza. Las obras cubistas carecen de estructuras simétricas como las que he estado mencionando, y sin embargo es obvio que no carecen de belleza. Y lo mismo sucede en otros casos: ¿no es, por ejemplo, el Guggenheim de Bilbao un edificio bello, dominado por las curvas y no por las simetrías?

Las armonías celestes de Kepler

A un sistema o conjunto «armónico» —sin que, en principio, «armónico» se limite a la música— se le califica también como «bello». Y en la historia de la ciencia encontramos algunos científicos a los que bien puede calificarse de «buscadores de armonías». Entre ellos se encuentra Johannes

Kepler (1571-1630), uno de cuyos libros se tituló, precisamente, *Harmonices Mundi* (*Armonías del mundo*, 1619), en el que incluyó la tercera de sus leyes del movimiento planetario, la que relaciona periodos de revolución y la distancia al Sol. En esta obra la poderosa mente especulativa de Kepler desarrollaba una hipótesis que ya había planteado en un libro anterior, *Mysterium Cosmographicum* (1596), la de que los cinco poliedros regulares que Euclides presentó en los *Elementos* se podían inscribir y circunscribir en esferas, y postulaba que introduciendo cada poliedro insertado en su correspondiente esfera, uno dentro de otro, a modo de muñeca rusa, las esferas se correspondían con los tamaños relativos de la órbita de cada planeta alrededor del Sol, en el modelo, por supuesto, que él defendía, el heliocéntrico. Así lo explicaba en su libro:

> La Tierra es la medida para el resto de las órbitas; a ella la circunscribe un dodecaedro; la esfera que lo comprenda será la de Marte. La órbita de Marte está circunscrita por un tetraedro; la esfera que lo comprenda será la de Júpiter. La órbita de Júpiter está circunscrita por un cubo; la esfera que lo com-

prenda será la de Saturno. Ahora ubica un icosaedro dentro de la órbita de la Tierra; la esfera inscrita a él será la de Venus. Sitúa un octaedro dentro de la órbita de Venus; la esfera inscrita a él será la de Mercurio. He aquí la causa del número de los planetas.

No es fácil desentrañar los argumentos que empleaba Kepler, los enmarañados cálculos que utilizaba para encontrar analogías entre las órbitas de los planetas y las notas de la escala musical, pero lo que me interesa aquí señalar es el que pensaba que el diseño que el Dios en el que creía había seleccionado para la estructura del universo —del pequeño universo que entonces se conocía, básicamente, el Sol, los cinco planetas de Mercurio a Saturno, la Luna y los satélites en torno a Júpiter, más la esfera de las estrellas fijas— revelaba proporciones armónicas. Así, ocho de los diez capítulos del libro se refieren a armonías:

capítulo 2. Del parentesco de las proposiciones armónicas con las cinco figuras regulares; capítulo 3. Suma de la doctrina astronómica, necesaria a la contemplación de las armonías celestes; capítulo 4.

En qué cosas tocantes al movimiento de los planetas hállanse expresadas por el Creador las proporciones armónicas y de qué modo; capítulo 5. Cómo están expresadas en las proposiciones de los movimientos planetarios las notas de la escala musical, o lugares del sistema, y los modos de armonía, mayor y menor; capítulo 6. Cómo se hallan expresados cada uno de los tonos o modos musicales en los movimientos planetarios; capítulo 7. Cómo pueden existir contrapuntos o armonías universales de todos los planetas, diferentes cada uno de los demás; capítulo 8. Hállanse expresados en los planetas los cuatro contrapuntos naturales de las voces: soprano, contralto, tenor y bajo; capítulo 9. Demostración de que para obtener tal disposición armónica debieron construirse esas precisas excentricidades que cualquiera de los planetas tiene por sí, y no otras.

No se tardó mucho es comprobar que las regularidades, las «armonías» que Kepler identificaba en los movimientos y órbitas del Sistema Solar, eran únicamente sueños, hermosos sí, pero sólo sueños; pero me quedo con lo que le impulsó en su búsqueda: desvelar armonía, belleza en el cosmos. El problema surgía porque su referencia de belleza era la escala musical, no manifestaciones como las que reconocería el futuro, por ejemplo, las simetrías. No obstante, el atractivo que posee la idea de una armonía musical en los sistemas de la física no se extinguió con Kepler. En el «Prefacio a la primera edición» (1919) de su influyente libro de texto, *Atombau und Spektrallinien* (*Estructura atómica y líneas espectrales*) el físico alemán Arnold Sommerfeld (1868-1951), responsable de numerosas contribuciones al desarrollo de la física cuántica, y maestro querido de lumbreras como Werner Heisenberg, Wolfgang Pauli o Hans Bethe, escribía lo siguiente:

Después del descubrimiento del análisis espectral [las líneas que aparecen debido a la radiación emitida por elementos químicos cuando se calientan], nadie entrenado en la física podría dudar que el problema del átomo se resolvería cuando los físicos hubieran aprendido a comprender el lenguaje de los espectros. Tan variada era la enorme cantidad de material que se había cumulado en sesenta años de investigación espectroscópica que al principio desentrañarla parecía imposible. [...] Lo que ahora estamos escuchando del lenguaje de los espectros es una verdadera 'música de las esferas' dentro del átomo, cuerdas de relaciones integrales, un orden y armonía que se hace cada vez más perfecto a pesar de su diversa variedad. [...] Todas las leyes integrales de las líneas espectrales y de la teoría atómica derivan originariamente de la teoría cuántica. Es el misterioso *organum* en el que la naturaleza ejecuta su música de los espectros, y de acuerdo al ritmo con el que ella regula la estructura de los átomos y el núcleo.

Metáforas, sí, pero las metáforas no sólo adornan la poesía, también influyen en la cultura. Y puesto que he mencionado la poesía, quiero terminar esta sección reproduciendo un poema de Gabriel Celaya, «Así se escribe la ciencia (Homenaje a Kepler)», cuyo tema central es, precisamente, el modelo de sistema solar elaborado por Kepler:

Así soñé yo la verdad
Kepler

Kepler miró llorando los cinco poliedros
encajados uno en otro, sistemáticos, perfectos,
en orden musical hasta la gran esfera.
Amó al dodecaedro, lloró al icosaedro
por sus inconsecuencias y sus complicaciones
adorables y raras, pero, ¡ay!, tan necesarias,

pues no cabe idear más sólidos perfectos
que los cinco sabidos, cuando hay tres dimensiones.
Pensó mirando el cielo matemático, lejos,
que quizá le faltara una lágrima al miedo.
La lloró cristalina: depositó el silencio,
y aquel metapoliedro, geometría del sueño,
no pensable y a un tiempo normalmente correcto,
restableció sin ruido la paz del gran sistema.
No cabía, es sabido, según lo que decían,
más orden que el dictado. Mas él soñó: pensaba.
Eran más que razones: las razones ardían.
Estaba equivocado, mas los astros giraban.
Su sistema era sólo, según lo presentido,
el orden no pensado de un mundo enloquecido,
y él buscaba el defecto del bello teorema.
Lo claro coincidía de hecho con el espanto
y en la nada, la nada le besaba a lo exacto.

El poeta como intérprete de los sueños de un
gran científico.

VII

BELLEZA EN LA QUÍMICA Y LA BIOLOGÍA

La química se ocupa del estudio de los elementos que existen en el universo, de sus propiedades y de las combinaciones que forman entre ellos. Por su parte, la Biología trata del funcionamiento de los organismos vivos y de los «materiales» —células, órganos…— que los componen. La Biología no se reduce a la química, pero tiene con ésta una estrecha relación, al igual que con la medicina: piénsese, por ejemplo, en la fisiología, rama de la medicina y de la biología, que investiga los procesos físico-químicos que tienen lugar en seres vivos.

En las combinaciones químicas, en muchas de las moléculas que se forman como producto de esas afinidades, aparecen estructuras hermosas. El benceno, un hidrocarburo, es un ejemplo en este sentido. Su simetría y estructura cerrada le da una cierta belleza y simplicidad dentro de su complejidad. Lo mismo sucede con la estructura del ADN, esa doble hélice que contiene las instrucciones genéticas de los organismos vivos.

Fue en 1865 cuando el químico alemán Friedrich August Kekulé (1829-1896) presentó su teoría de la estructura del benceno: un anillo hexagonal con seis átomos de carbono interrelacionados y unidos a átomos de hidrógeno, C_6H_6 (para hacer que esta estructura fuese compatible con la valencia del carbono, representaba la cadena por enlaces simples y dobles que se alternaban).

En una conferencia que pronunció en 1890 sobre «Los orígenes y el nacimiento de la teoría estructural de la química orgánica» (publicada en *Berichte der Deutschen Chemischen Gessellschaft*), Kekulé explicaba cómo llegó a esa estructura entonces tan novedosa. Es oportuno citar los pasajes más representativos de ella:

> Para el químico, que pasa el día en el laboratorio, esto importaba poco. Estaba sentado escribiendo en mi cuaderno, pero mi trabajo no progresaba; mis

pensamientos se dirigieron hacia otra parte. Giré la silla hacia el fuego y me adormecí. De nuevo los átomos estaban saltando ante mis ojos. Esta vez, los grupos más pequeños se mantenían modestamente en un segundo plano. Mi ojo mental, que se había vuelto más agudo debido a la repetida aparición de visiones de este tipo, podía distinguir ahora estructuras más grandes de diversas configuraciones; largas filas, a veces agrupadas más estrechamente, todas retorciéndose y retorciéndose en un movimiento parecido al de una serpiente. ¡Pero, mira! ¿Qué es aquello? Una de las serpientes se había mordido su propia cola, y la forma giraba burlonamente ante mis ojos. Como si se hubiera producido la chispa de un relámpago, me desperté; y esta vez pasé el resto de la noche desarrollando las consecuencias de la hipótesis.

El grafeno, una sustancia formada por carbono puro, de gran dureza no obstante estar constituido por una lámina de átomos, representa otro ejemplo de belleza química estructural, hexagonal en este caso.

Y otro tanto se puede decir de los fullerenos, moléculas que pueden adoptar formas que se asemejan a una esfera: de hecho, el primer fullereno descubierto, C_{60}, está compuesto por 60 átomos de carbono, que se ordenan en 12 pentágonos y 20 hexágonos. Molécula que por su semejanza con una estructura arquitectónica —la cúpula geodésica construida (la patentó en 1947) por el ingeniero canadiense Richard Buckminster Fuller (1895-1983)— se le denomina buckminsterfullereno. Estas cúpulas son poliedros generados a partir de un icosaedro o un dodecaedro, aunque puede generarse de cualquiera de los sólidos platónicos.

Me he referido anteriormente a la biología, y a una molécula bella, la del ADN, para mí ninguna tan hermosa y, desde luego, fundamental, como ella, la molécula transmisora de la herencia, el ácido desoxirribonucleico, cuya estructura molecular es una doble hélice. Como es bien sabido, su estructura fue descubierta en 1953 por James Watson y Francis Crick. El 15 de marzo de 1953, más de un mes antes de la publicación del artículo de *Nature* en el que presentaron su hallazgo, Crick escribió una carta a su hijo Michael, de trece años, que estaba con gripe internado en su escuela, en la que destacaba la «belleza» de la molécula:

Mi querido Michael,

Jim Watson y yo hemos hecho probablemente un descubrimiento muy importante. Hemos construido un modelo para la estructura del ácido desoxirribonucleico (léelo con cuidado), abreviado ADN. Recordarás que los genes de los cromosomas —que transportan los factores de la herencia— están formados por proteínas y ADN.

Nuestra estructura es muy bella. Se puede pensar en el ADN aproximadamente como una cadena muy larga con puntas planas que salen de ella. Las puntas planas se llaman 'bases'.

Creemos que el ADN es un código. Esto es, el orden de las bases (las letras) hace a un gen diferente de otro gen (al igual que una página impresa es diferente de otra). Ahora puedes ver cómo la Naturaleza *hace copias de los genes.* Porque si se desenrolla en dos cadenas separadas, y si cada cadena hace que se le una otra cadena, entonces como A siempre va con T, y G con C, obtendremos dos copias donde antes había una.

En otras palabras, pensamos que hemos encontrado el mecanismo básico de copiado mediante el cual la vida procede de la vida. La belleza de nuestro modelo es que su forma es tal que *solamente* estos pares se pueden unir, aunque podrían emparejarse de otras maneras si flotaran libremente. Puedes comprender que estemos muy excitados. Tenemos que enviar una carta a *Nature* dentro de un día o así. Lee esto con cuidado de forma que lo comprendas. Cuando vengas a casa te mostraré el modelo.

Con mucho amor

Papá

«La belleza de nuestro modelo», decía. No es sorprendente, por consiguiente, que el ADN haya atraído la atención de los artistas, entre ellos el gran Salvador Dalí, al que volveré más adelante.

Un punto que quiero resaltar es que la sencillez y belleza de la molécula del ADN constituye una *rara avis* cuando se la compara con otros moléculas importantes en la biología. Es el caso, por ejemplo, de la hemoglobina o la mioglobina, cuyas complejas estructuras fueron desentrañadas por, respectivamente, Max Perutz y John Kendrew.

La molécula del ADN contiene una evidente simetría, algo que sin duda favorece, por no decir explica, su belleza, pero no es necesario que se dé esa característica geométrica para encontrar estructuras bellas en la biología. Encontramos también belleza, por ejemplo, en «los paisajes neurona-

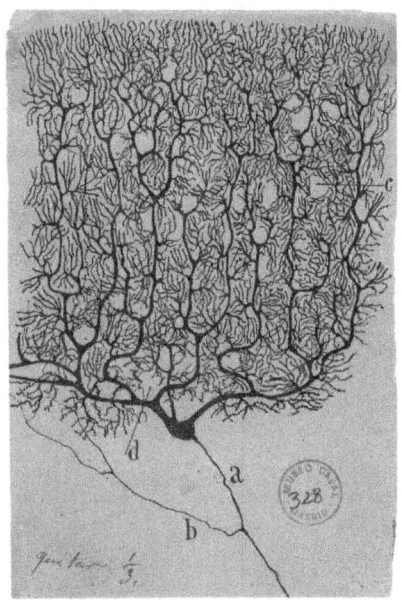

Célula de Purkinje del cerebelo humano
(c. 1899). Dibujo de Ramón y Cajal

les» del sistema nervioso que desentrañó y dibujó
Santiago Ramón y Cajal (1852-1934), dibujos dedi-
cados, por ejemplo, al cerebelo, la médula de la
retina o los ganglios.

VIII

LOS CRISTALES, ENTRE LA FÍSICA, LA QUÍMICA Y LA NATURALEZA

Un lugar en donde se manifiesta de forma más evidente la belleza es en los cristales, de los que se ocupa la cristalografía, la ciencia que estudia las estructuras que adoptan minerales, compuestos orgánicos y otros materiales. Esa belleza se muestra en muchas ocasiones de manera externa, por la proporción, equivalencia y repetición de las caras, aristas o vértices de los cristales, que derivan del orden interno, de la periodicidad microscópica del cristal, entendiendo por cristal aquellos sólidos cuyos átomos se estructuran en redes basadas en la repetición tridimensional de su celda unidad (una estructura elemental paralelepipédica); de hecho, los cristales se clasifican según las propiedades de simetría de las unidades que los componen.

Citando de nuevo a Hermann Weyl y a su libro *Symmetry*:

> Las formas geométricas de los cristales con sus superficies planas son un intrigante fenómeno de la naturaleza. Sin embargo, la verdadera simetría física de un cristal se muestra, más que en la apariencia exterior, en la estructura íntima de la sustancia cristalina.

Esa estructura «íntima» responde a conjuntos («grupos» en el sentido matemático) de simetrías. Como ya indiqué anteriormente, los grupos cristalográficos planos se clasificaron, ya en 1891 (Evgraf Fedorov) en 17 tipos, mientras que los tridimensionales corresponden a 230, lo que revela las grandes posibilidades que existen.

La responsable de las simetrías de los cristales es, como apuntaba Weyl en la cita precedente, la dinámica atómica: cuando los átomos del cristal ejercen entre sí fuerzas que hacen posible un estado definido y ordenado de equilibrio para el conjunto atómico, entonces los átomos se distribuyen según un sistema regular de puntos. De hecho, uno de los procedimientos que se emplean para averiguar la estructura de moléculas orgánicas es tratar de cristalizarlas para someterlas a análisis mediante la difracción de rayos X; así se hizo en el caso del ADN: las fotografías de difracción por rayos X tomadas por Rosalind Franklin fueron decisivas para que Watson y Crick desentrañaran su estructura en doble hélice.

Un caso particular de cristales son los copos de nieve, que surgen cuando el vapor de agua se condensa alrededor de una partícula microscópica formando cristales de hielo de estructura hexagonal. En *Der Zauberberg* (*La montaña mágica*; 1924), de Thomas Mann, el principal protagonista, Hans Castorp, que casi perece en una tormenta de nieve, reflexiona de la siguiente manera:

> la nieve no estaba formada por simples granitos de piedra, sino por miríadas de partículas de agua cristalizada —es decir, partículas de aquella sustancia inorgánica de la que habían surgido el plasma vital, las plantas y el cuerpo del hombre—, y entre esas miríadas de estrellas mágicas, en su esplendor secreto, inaccesible al ojo humano, no había ninguna semejante a la otra. Qué infinita creatividad reinaba a la hora de encontrar variaciones y sutilí-

simas reinvenciones del mismo esquema de base: el hexágono de lados iguales sin embargo, en sí mismo cada uno de los cristales de nieve presentaba unas proporciones absolutamente perfectas y una regularidad que helaba la sangre… he aquí que esto era lo siniestro, lo que se contradecía con los principios de lo orgánico y de la vida: eran demasiado regulares, ninguna sustancia organizada como ser vivo mostraba jamás un grado de regularidad tan alto, la vida sentía horror ante la perfección absoluta, le parecía mortal, el propio misterio de la muerte; y Hans Castorp creía comprender por qué los arquitectos que habían construido los grandes templos de la Antigüedad habían introducido expresamente (y en secreto) ciertas asimetrías en la disposición de sus columnas.

Un punto interesante, que por supuesto Mann no podía imaginar, es la «ruptura de simetría» que menciona: «la vida sentía horror ante la perfección», decía. No está claro que el horror ante la perfección se manifieste en lo que llamamos «vida», pero sí, parece, que lo sienten algunos de los pilares más profundos de la realidad.

Al hablar de cristales he entrado en el ámbito de la naturaleza, aunque en este caso su raíz físico-química sea particularmente notoria. Pasemos ahora a la belleza que se manifiesta en la naturaleza, con su constante repetición de patrones.

IX

BELLEZA EN LA NATURALEZA

Uno de los momentos de nuestra vida en los que experimentamos sensaciones de admiración y asombro surge ante la contemplación de algunos parajes naturales, lugares para los que las primeras palabras que nos surgen son: «grandioso», «maravilloso», «bello». En su conmovedora autobiografía, Charles Darwin hace referencia a uno de esos momentos durante su viaje alrededor del mundo en el *Beagle*:

> En mi diario escribí que, en medio de la grandiosidad de una selva brasileña, no es posible transmitir una idea adecuada de altos sentimientos de asombro, admiración y devoción que llenan y elevan la mente.

(Hacía referencia a esto al tratar de sus ideas sobre la religión, y en particular a la extendida creencia de que tal grandiosidad no era sino manifestación de la existencia de un Dios creador y de la inmortalidad del alma, creencia que él abandonó).

Hay algo de misterioso, de sentimientos o recuerdos atávicos en nuestras emocionadas reacciones al contemplar la naturaleza. Creo que el siguiente poema, «Cuando escuché al astrónomo erudito», de Walt Whitman, refleja ese fondo remoto, que aflora más allá de la satisfacción que da el conocimiento científico:

> Cuando escuché al astrónomo erudito,
> cuando las pruebas, las cifras, fueron puestas en columnas delante de mí,
> cuando me enseñaron los mapas y los diagramas, para sumarlos, dividirlos, medirlos,
> cuando sentado escuché al astrónomo, con gran aplauso en el salón,
> qué extrañamente rápido me harté,
> hasta que levantándome y deslizándome me alejé solo,
> en el aire nocturno, místico y húmedo, y de tiempo en tiempo,
> miré en perfecto silencio las estrellas.

Pero el aspecto en el que quiero centrarme es el de la belleza que se revela en la naturaleza a través de patrones repetitivos y de estructuras simétricas. Y es que la naturaleza «descubrió» las estructuras organizadas y armoniosas mucho antes de que los humanos sistematizásemos sus propiedades. Miremos por donde miremos nos encontramos seres, objetos, sistemas que muestran simetrías y patrones. Panales de abejas, mariposas, flores, ondas de agua, peces (escamas, con simetría traslacional), mamíferos (con simetría bilateral, como las mariposas y los pétalos y hojas) o los ya citados cristales. En un girasol, por ejemplo, además de su simetría radial, al organizarse alrededor de un centro común, se observan espirales tanto hacia la derecha como hacia la izquierda, y si se cuentan las espirales hacia un lado y hacia otro, se descubre que son dos números consecutivos de la serie de Fibonacci; por ejemplo, si en un lugar hay 89, hacia el otro serán 55 o 144. Los pétalos de muchas flores (margaritas, azucenas, caléndula, achicoria) presentan el mismo patrón, también siguen la serie de Finobacci.

Más de un siglo después de haber sido publicado, aún se puede clasificar como una obra excelente que muestra la variedad de formas que ha producido la naturaleza, y la explicación del crecimiento y formas biológicas en términos físico-matemáticos, el libro del biólogo y matemático escocés D'Arcy W. Thomson (1860-1948), *On Growth and Form* (1917, segunda edición ampliada de 1942).

Thomson pretendía explicar el crecimiento y la forma de organismos que existen en la naturaleza en términos matemáticos, físicos y químicos:

La célula y el tejido, la concha y el hueso, la hoja y la flor, son […] porciones de materia, y es obedeciendo a las leyes de la física que sus partículas se desplazan, se moldean y se ajustan. […] Sus problemas de forma son en primer lugar problemas matemáticos, sus problemas de crecimiento son esencialmente problemas físicos y el morfólogo es, *ipso facto*, un estudioso de la física. […]

Nadie puede predecir hasta qué punto bastarán las matemáticas para describir la estructura del cuerpo, ni la física para explicarla. Puede que todas las leyes de la energía, todas las propiedades de la materia y toda la química de todos los coloides sean tan impotentes para explicar el cuerpo como para comprender el alma. Por mi parte, pienso que no es así. De cómo el alma informa al cuerpo, la ciencia física no me enseña nada; y cómo la materia viva influye y es influida por la mente es un misterio sin pista. La conciencia no se explica a mi entendimiento por la totalidad de vías nerviosas y neuronas del fisiólogo; ni pido de la física cuánta bondad luce en la cara de un hombre, y cómo a otro el mal le traiciona a sí mismo. Mas para la construcción y el crecimiento y el trabajo del cuerpo, como el de todo lo que hay de terrestre en la Tierra, es la física, en mi humilde opinión, nuestra única maestra y guía.

[…]

Los términos crecimiento y forma, que constituyen el título de este libro, deben ser entendidos, apenas necesito decirlo, en relación con el estudio de los organismos vivos. Deseamos ver cómo, en algunos casos al menos, las formas de los seres vivos, y de las partes de los seres vivos, se pueden explicar mediante consideraciones físicas, y darnos cuenta que en general no existen formas orgánicas salvo aquellas que están en conformidad con las leyes físicas y matemáticas. Y mientras que el crecimiento es una palabra algo vaga para una materia muy compleja, que puede depender de varias cosas, desde la simple falta de agua hasta los complicados resultados de la química de la nutrición, merece ser estudiado en relación con la forma: ya proceda ésta del simple aumento de tamaño sin manifiestas alteraciones de forma, o si progresa para alcanzar un cambio gradual de forma y el lento desarrollo de una estructura más o menos complicada.

De entre todos los casos que D'Arcy Thomson estudió en su libro mencionaré, a modo de ejemplo, sólo los que se refieren a la espiral uniforme o «espiral de Arquímedes» (que podemos ilustrar aproximadamente en la manera cómo un marinero enrolla un cabo sobre la cubierta) y la «espiral equiangular» (sus vueltas aumentan en anchura con una razón constante). El segundo tipo de espiral aparece en la naturaleza en el «Nautilus», un molusco cefalópodo que ha estado presente en la Tierra durante los últimos 500 millones de años (por ello se le considera un auténtico «fósil viviente») en la concha del caracol o en la *Globigerina*, un foraminífero planctónico. Veamos lo que se dice en *On Growth and Form* sobre esta estructura:

En el crecimiento de una concha, no podemos concebir una ley más simple que esta, a saber, que se ensanchará y alargará con las mismas proporciones invariables; y esta, la más simple de las leyes, es aquella que la Naturaleza tiende a seguir. La concha, al igual que la criatura que alberga, crece en tamaño *pero no cambia su forma*; y la existencia de esta relatividad constante de crecimiento, o semejanza constante de forma, es la esencia, y puede ser la base de una definición, de la espiral equiangular.

La Naturaleza, estaba diciendo D'Arcy Thomson, sigue las leyes más simples, algo que teorías como la relatividad general o la mecánica cuántica no apoyan precisamente. Por otra parte, si encontramos belleza en organismos que deben su crecimiento y forma a leyes físico-químicas, ¿no habrá que concluir, de alguna manera reivindicando lo que ya se vio en capítulos anteriores, que en última instancia esas leyes, y las matemáticas que las expresan tienen una relación «íntima» con la belleza?

La belleza de la autosemejanza: los fractales

Con lentitud se ha ido descubriendo que la naturaleza acoge formas muy diversas. Un ejemplo en este sentido es el de los fractales, estructuras no simétricas en el sentido que hemos estado viendo, pero sin embargo bellas. Introducidos por el matemático de origen polaco Benoît Mandelbrot (1924-2010) la geometría fractal se caracteriza por pertenecer a espacios de dimensión fraccionaria, no entera, Se trata de un geometría «de la irregularidad», de ahí que la oponga a la geometría de la simetría, aunque una de las características de la geometría fractal es la relación de autosemejanza, es decir, el que las características se encuentran repetidas a escalas diferentes y todas son semejantes en la forma. Veamos lo que el propio Mandelbrot ha escrito en su autobiografía, *The Fractalist* (2010):

> La principal medida de la irregularidad es la dimensión fractal. La forma más simple es la dimensión de semejanza [...]

La irregularidad es omnipresente en la naturaleza y en la cultura: la encontramos en la distribución de las galaxias y en la forma de las costas, las montañas, las nubes, los árboles y los diversos conductos pulmonares; también en los gráficos de las cotizaciones bursátiles, en los cuadros, en la música y en varias construcciones matemáticas [...] Es menos conocida pero también digna de mención la irregularidad de los racimos en la física del caos, los flujos turbulentos, los sistemas dinámicos caóticos, y las difusiones y ruidos anómalos [...]

Al igual que las figuras geométricas regulares cuyo ejemplo ideal es el círculo, los fractales matemáticos se describen mediante fórmulas de una precisión absoluta que el ordenador puede ejecutar, con el grado de ampliación que uno desee, con objetos muy concretos: imágenes. Cada imagen me llevó a descubrimientos específicos en un área específica de la ciencia y el arte.

Uno de los dominios en los que se habla de belleza es en la música, ya aludí a ello: decimos que una pieza musical que nos conmueve «es bella». Es conocida la dimensión científica de la música, como ya advirtieron Pitágoras y sus seguidores, y también Kepler quien se esforzó —sin éxito como señalé— por incorporarla al sistema del mundo. Hasta bien pasada la Edad Media la música, junto a la aritmética, la astronomía y la geometría, constituía el *quadrivium*, mientras que la gramática, la retórica y la lógica formaban el *trivium*. Esa larga tradición que unió a la música con las ciencias, con las matemáticas, la acústica y la fisiología especialmente, culminó con un tratado mayúsculo de Hermann von Helmholtz (1821-1899), uno de los científicos más destacados del siglo XIX: médico de formación, realizó contribuciones fundamentales en campos tan diversos como la fisiología, incluyendo la acústica y óptica fisiológicas, la física (termodinámica, electromagnetismo, hidrodinámica y óptica, dominio en el que inventó el oftalmoscopio), matemática, psicofísica, teoría musical y filosofía. El libro en cuestión se titula *Lehre von den Tonempfindungen als physiologische Grundlage für die Theorie der Musik* (*Sobre las sensaciones de tono, como una base fisiológica para la teoría de la música*; 1863). En las primeras líneas de su «Introducción», Helmholtz expresó con claridad la intención que le movió a redactarlo:

En este trabajo se intenta conectar las fronteras de dos ciencias que, aunque vinculadas entre sí por muchas afinidades naturales, hasta ahora han permanecido separadas en la práctica. Me refiero a las fronteras de la *acústica física y fisiológica* por un lado, y de la *ciencia y estética musical* por otro. [...] Los horizontes de la física, filosofía y arte han permanecido desde antiguo muy alejados y, por consiguiente, el lenguaje, los métodos y los propósitos de cada uno de estos estudios presentan una cierta dificultad para el estudiante de otros campos; posiblemente ésta es la causa principal por la que el problema que se trata aquí no haya sido considerado detalladamente desde hace tiempo y de que no se haya avanzado hacia su solución.

Evidentemente una cosa es conocer la estructura física y los efectos fisiológicos de algo, como puede ser la música, y otra, comprender las sensaciones que produce en nosotros o, incluso, ser un maestro en su práctica. Helmholtz se enfrentó a uno de estos problemas, el de cómo explicar las sensaciones placenteras que la música nos produce cuando la escuchamos, haciendo hincapié en la armonía, concepto que es posible interpretar en base físico-matemática como conjuntos de ondas sonoras que fluyen sin ser perturbadas, al igual que cuando son emitidas individualmente. Este hecho sirve, por cierto, para entender la diferencia entre la música y la pintura. La luz es, como el sonido, una onda; más concretamente, un conjunto de ondas de diferente longitud de onda, que producen en el ojo la sensación de color: el rojo está asociado a la longitud de onda más larga, siguiendo después en orden decreciente el naranja, amarillo, verde, azul y violeta. Pero el ojo no puede descomponer los sistemas compuestos de varias ondas luminosas de diferentes frecuencias próximas, lo experimenta como una sensación única, como una cierta clase de color. Justo lo contrario es lo que le sucede al oído, que sí puede distinguir los sonidos «elementales». Podríamos decir, siguiendo de nuevo a Helmholtz, aunque ahora en otro de sus escritos, el texto de una conferencia («Sobre las causas fisiológicas de la armonía en la música») que pronunció en Bonn en 1857, que «el ojo no tiene sentido de la armonía en el mismo sentido que el oído; que no existe música para el ojo».

En esa misma conferencia, Helmholtz recalcó también que una música agradable es algo más que un conjunto de sonidos armónicos:

> El fenómeno de un tono agradable, determinado sólo por los sentidos, no es por supuesto sino el primer paso hacia la belleza en la música. Ya que para alcanzar esa gran belleza que atrae al intelecto, la armonía o la falta de ella son únicamente medios, aunque medios esenciales y poderosos. En la ausencia de armonía el nervio del auditorio se siente herido por los compases de tonos incompatibles.

Desea el flujo puro de tonos armónicos. Así, tanto la armonía como su ausencia de manera alternativa urgen y moderan el flujo de tonos, mientras que la mente ve en su movimiento inmaterial una imagen de sus propios pensamientos y estados de ánimo, que cambian permanentemente. Al igual que sucede en un océano ondulante, este movimiento, que se repite rítmicamente y sin embargo de forma siempre cambiante, atrae nuestra atención cada vez con más fuerza. Pero mientras que en el mar son sólo fuerzas ciegas las que actúan y, por consiguiente, la impresión final en la mente del espectador no es sino soledad, en el trabajo musical artístico el movimiento sigue el resultado de las propias emociones del artista. En un momento se desliza suavemente, en otro salta con gracia para pasar luego a agitarse violentamente; penetrando o luchando laboriosamente con la expresión natural de la pasión, la corriente del sonido lleva al alma del oyente, con una viveza primitiva, inimaginables estados de animo que el artista ha vislumbrado en su interior, transportándole finalmente a un reposo de permanente belleza, del que Dios ha permitido que sean sus heraldos unos pocos de sus elegidos favoritos.

Veremos más adelante, cuando me ocupe del arte abstracto y en particular de Mondrian, que el desarrollo de las ciencias neurológicas a partir del siglo XX ha obligado a modificar las ideas «reduccionistas» de Helmholtz, especialmente en lo referente a las representaciones pictóricas.

XI

BELLEZA ARTÍSTICA
EN LIBROS DE CIENCIA

Quiero también ocuparme de cómo se plasman algunos temas científicos en grabados o pinturas incluidos en libros o en cuadros. No se trata, por tanto, de «belleza intrínseca», como la que he estado considerando hasta ahora, sino de la belleza de la ciencia que se manifiesta gracias al genio artístico.

Leonardo da Vinci

Nadie se adentró tanto, combinándolos, en los mundos de la ciencia, la tecnología y el arte pictórico como Leonardo da Vinci (1452-1519). Los cuadernos-códices de él que se han conservado, como los «Códices Madrid I y II» (Biblioteca Nacional de España) o el Códice Atlántico (Biblioteca Ambrosiana de Milán), contienen conjuntos maravillosos de dibujos de anatomía y de construcciones, fortificaciones, instrumentos y mecanismos con la explicación de las técnicas utilizadas, apartados que Leonardo cultivó con el mejor espíritu científico-tecnológico de su época. De hecho, se puede decir de él que fue un adelantado del tiempo en el que vivió; en el campo de la anatomía, por ejemplo, llevó a cabo muchas disecciones: hacia el final de su vida había diseccionado alrededor de treinta cuerpos, y ello en una época en la que semejante actividad no estaba bien vista, cuando no proscrita; es seguro que practicó más disecciones de cadáveres que los profesores de anatomía anteriores a él. Fue, en este sentido, el mejor precursor de Andreas Vesalio, de quien me ocuparé en la sección siguiente. Y para mostrar sus intereses y habilidades técnicas, nada mejor que citar el borrador de una carta que parece que envió —no es seguro— hacia 1482 a Ludovico Sforza:

Ilustrísimo Señor: Habiendo considerado suficientemente los ejemplares presentados por todos aquellos que se proclaman avezados inventores de instrumentos de guerra, y habiendo considerado que la invención y el manejo de los dichos instrumentos no difieren en nada de los que pertenecen al uso común, me esforzaré, sin prejuicio contra nadie, en explicarme a Vuecencia, mostrando a Vuestra Señoría mis secretos, y después ofreciéndolos para vuestro mayor placer y aprobación, para que sirvan eficazmente en los momentos oportunos y en todas aquellas circunstancias que, en parte, se anotarán brevemente más abajo.

1) Tengo una suerte de puentes sumamente ligeros y fuertes, adaptados para llevarlos con la mayor facilidad, y con ellos podréis perseguir al enemigo, o escapar de él en un momento dado; y otros seguros e indestructibles por el fuego y el combate, fáciles y convenientes para el transporte y la colocación. También tengo métodos para quemar y destruir los puentes del adversario.

2) Sé cómo sacar agua de los fosos de una plaza situada, y hacer una infinita variedad de puentes y accesos y escaleras cubiertas, y otras máquinas adecuadas para esas expediciones.

Y continuaba con una larga lista de inventos destinados a los mismos propósitos, cañones, catapultas, y otros para el caso de que las batallas tuvieran lugar en el mar: «navíos que resistirán el bombardeo de los cañones más grandes, de las pólvoras y de los humos.» Por último, mencionaba algunas ideas sobre aparatos no destinados a la guerra:

10) En tiempos de paz, creo que podré daros satisfacción perfecta e igualar a cualquiera otro en arquitectura y en el trazado de edificios públicos y privados; y en la conducción de agua de un lugar a otro.

Además, puedo ejecutar esculturas en mármol, en bronce o en arcilla, y puedo pintar todo lo pintable, tan bien como cualquier otro, sea quien fuere.

(No puedo dejar de recordar en este punto, la carta que Galileo dirigió el 24 de agosto de 1609 a Leonardo Donato, el Dux de Venecia, después de haber construido su telescopio, explicándole las ventajas prácticas, militares sobre todo, asociadas al empleo del nuevo instrumento.)

Como escribió George Sarton:

Su contribución [de Leonardo] más brillante fue en la prueba viviente que dio de que la búsqueda de la verdad y la búsqueda de la belleza no son incompatibles de ninguna manera. Muchos le han igualado o lo han sobrepasado en su afán de encontrar una u otra; nadie, en su empeño de buscar ambas.

Ingeniero e inventor adelantado a su tiempo, científico y excelente pintor, lo menos que se puede decir de Leonardo es que con sus esquemas y dibujos embelleció todos los rincones de la ciencia que estudió.

Andreas Vesalio y De humani corporis fabrica

Después de Leonardo es obligado referirse a Andreas Vesalio (1514-1564) y su *De humani corporis fabrica* (*La fábrica del cuerpo humano*; 1543), un libro científico revolucionario a la vez que bello, una obra en la que su autor realizó un vibrante llamamiento en defensa de la práctica anatómica, de la disección, como base imprescindible para la comprensión de la estructura y de las funciones de los órganos del cuerpo humano, haciendo hincapié en las limitaciones de los estudios de Galeno, en los errores que éste cometió (por ejemplo, creyendo que huesos que formaban parte de la anatomía de los monos estaban también presentes en los humanos) y en la degradación que la práctica anatómica había experimentado tras su desaparición. Pero el interés de *De humani corporis fabrica* no reside únicamente en el ámbito científico, es también una obra de arte. Contiene una colección de más de doscientas láminas anatómicas de impresionante realismo, en las que aparecen imágenes del esqueleto y de la musculatura humana, tanto de hombres como de mujeres. El frontispicio que aparece en la portada del libro merece también ser admirado, muestra a un grupo de personas —algunos expertos creen que entre ellos podían estar representados médicos ilustres del pasado como Hipócrates o Galeno— que observa la disección del útero del cadáver de una mujer, aludiendo a la práctica de la cesárea (nombrada así en honor de Julio César, que se supone nació con este procedimiento), presidiendo esta lección de anatomía el cadáver, y no un profesor leyendo a Galeno como era habitual por entonces.

Se desconoce quién fue el artista autor de las más de 200 ilustraciones xilográficas (producidas en planchas en madera) de gran calidad que acompañan al texto; algunos expertos sostienen que la mayoría fueron obra de Jan Stephan von Kalkar (c. 1499-1546/50), un compatriota de Vesalio y discípulo de Tiziano (1477-1576). A favor de que Tiziano participase, aunque fuese de forma indirecta, está el hecho de que parece ser que los bloques de madera para las ilustraciones fueron preparados bajo la supervisión de Vesalio en Venecia —la ciudad en la que trabajaba y tenía su taller Tiziano— y posteriormente enviados a la imprenta de Johannes Oporinus. En el mismo sentido, algunos historiadores del arte han argumentado que uno de los grabados de la obra, que aparece en el libro (sección) V, en el que se muestra la musculatura de un hombre colocado en posición lateral, está modelado siguiendo un conocido cuadro de Tiziano, «Alocución de Alfonso d'Avalos, marqués del Vasto», que el maestro terminó en 1541.

Pero Martin Kemp, catedrático de historia del arte en la Universidad de Oxford, en un artículo publicado en 1970, critica esta opinión. Analizando el único dibujo preliminar que ha sobrevivido de los que se utilizaron para la composición de *De humani corporis* y comparándolo con el grabado correspondiente que finalmente apareció en el libro, ha argumentado que la preparación de los detallados estudios anatómicos y su posterior transformación en bloques de madera tallados debió exigir una colaboración tan estrecha entre Vesalio y el, o los, artistas encargados de tallar los bloques, que éstos no se debieron preparar en Venecia, donde se encontraban Tiziano y sus discípulos, sino en Padua, en cuya universidad Vesalio ocupaba una cátedra desde el 6 de diciembre de 1537, que mantuvo hasta 1543. Para Kemp, aunque Padua y Venecia no están demasiado alejadas, las reglas que regían su cátedra obligaban a Vesalio a residir en Padua la mayor parte del tiempo, y esto impide que las planchas se puedan adjudicar a la escuela de Tiziano.

Botánica y zoología: Fuchs y Gessner

En las obras sobre botánica y zoología también se encuentran excelentes muestras de belleza, como ejemplifican dos libros que además de ocupar un lugar destacado en la historia de la ciencia, figuran en sus respectivos campos entre las obras más notables por sus vívidas ilustraciones. El primero se publicó un año antes de la aparición del libro de Vesalio, esto es, en 1542, y su autor fue el médico alemán Leonhart Fuchs (1501-1566): *De Historia Stirpium commentarii insignes* (*Comentarios notables sobre la historia de plantas*). Publicado en Basilea, ciudad con excelentes imprentas y una gran tradición en ciencia, se trata de un herbario extraordinario que describe, en orden alfabético a partir de la primera letra del nombre de la planta en griego, unas 400 plantas salvajes y otras 100 domesticadas, la mayor parte de ellas existentes en Alemania, pero también incluye algunas procedentes del recién descubierto Nuevo Mundo (América), como el maíz. El libro esta ilustrado con xilografías preparadas en el taller de Michael

Rinoceronte en *Historiae animalium*
de Conrad von Gessner (1551)

Isengrin de Basilea, a partir de 512 precisos dibujos de Heinrich Fülmauer y Albrecht Meyer.

Emparentado con la *Historia Stirpium* de Fuchs, pero en vez de tratar de plantas trata de animales, está *Historia animalium,* del suizo Conrad Gessner (1516-1565), obra publicada en cinco tomos (el último póstumo) en Zúrich, donde había nacido su autor, totalizando 4.000 páginas con centenares de ilustraciones. Se trata de un amplísimo compendio de animales, recopilando todo lo que hasta entonces se había escrito sobre ellos. Acompaña a cada especie una ilustración, siendo muy famosa la del rinoceronte, que copiaba el célebre grabado de Durero.

XII

PRESENCIA DE LA CIENCIA
EN OBRAS PICTÓRICAS

La presencia e influencia de la ciencia en la pintura (óleos, frescos, serigrafías, etc.) es amplísima. La delicadeza de «El astrónomo» (c. 1668) de Johannes Vermeer viene inmediatamente a la mente, lo mismo que «La lección de anatomía del doctor Nicolaes Tulp» (1632) de Rembrandt. O el famoso y bellísimo fresco de Rafael que se halla en el Museo Vaticano, «La Escuela de Atenas» (1508-1511) en donde aparecen, entre otros filósofos-científicos, Pitágoras, Ptolomeo, Euclides y Arquímedes, y en el que si se mira con detenimiento se observa que al lado de Pitágoras hay una pizarra en la que está dibujada una lira de cuatro cuerdas, encima de la cual aparece, escrita en griego, la palabra «tono», y que sobre cada cuerda aparecen unos números romanos que dan los intervalos musicales octava, quinta, cuarta; que Euclides-Arquímedes está dibujando dos triángulos equiláteros; y que Ptolomeo, astrónomo y geógrafo, sostiene un globo terráqueo, mientras que a su lado, quien podría ser Zoroastro o Estrabón tiene una esfera celeste.

Existen muchos ejemplos más, pero sólo añadiré uno que se encuentra en el Museo del Prado: la serie de cuadros producto de la colaboración de Jan Brueghel el Viejo (1568-1625), hijo del gran Pieter Brueghel el Viejo (1525-1569), y Pedro Pablo Rubens (1577-1640), los dos pintores más importante de Amberes. Se trata de la serie «Los cinco sentidos», compuesta por «La Vista», «El Oído», «El Olfato», «El Tacto» y «El Gusto». De entre ellas, hay que fijarse especialmente en «La Vista», que está colmada de pinturas, bustos antiguos, objetos de ornamentación, tapicerías e instrumentos científicos: un semicírculo azimutal, una esfera armilar, un globo terrestre, una ballestilla, dos compases de Galileo, un telescopio y un gran astrolabio, sobre el que se apoya un sextante para medir la altura sobre el horizonte del Sol y de otros astros. Si se observa con cuidado la parte inferior de la pintura, al lado de la firma de Brueghel aparece la fecha en la que se completó la obra: 1617. Y si tenemos en cuenta que Galileo comenzó a utilizar el telescopio en 1609, el que se representase uno en «La Vista» muestra lo rápidamente que este instrumento se difundió, en principio entre la nobleza, algunos de cuyos miembros estaban bastante interesados en la ciencia y en sus novedades más espectaculares, una dimensión ésta presente a lo largo de toda la Revolución Científica, al igual que entre los ilustrados del siglo XVIII.

Pintura abstracta y ciencia

El denominador común de los ejemplos anteriores es lo que podría denominarse «representación realista». Los elementos científicos se reconocen inmediatamente. Pero el arte pictórico no se limita al realismo: en el siglo XX surgieron nuevas formas de entender y practicar el arte, a la cabeza el abandono de la representación, lo que significó el

nacimiento del arte abstracto. Ejemplo paradigmá-
tico en este sentido es el neerlandés Piet Mondrian
(1872-1944), que comenzó siendo un pintor figu-
rativo cuya obra fue evolucionando desde el
naturalismo y simbolismo hasta configuraciones
puramente abstractas, dominadas por las formas
geométricas más sencillas, las líneas rectas, y los
colores. Terminó reduciendo cubos, conos y círculos a líneas rectas, rectángulos y color, creados sin
referencia alguna a las formas que se pueden encontrar en la naturaleza. Se puede decir que en su obra
la geometría y los colores se apropiaron de la representación, que fue un paso más en el camino que
habían abierto los cubistas. Su evolución le llevó a
la idea de que la belleza no reside en el la representación directa del tema, sino que son las formas,
la estructura, la composición de líneas y colores
lo que directamente conmueve a quien observa la
obra. «Al contrario que Kandinsky —en palabras
de H. W. Janson en su *Historia general del arte*—
Mondrian no buscó la emoción pura y lírica; su
finalidad —decía— era la 'realidad escueta', y defi-
nía ésta como el equilibrio 'logrado por medio de
oposiciones desiguales pero equivalentes'.»

Tal vez, sólo tal vez, Rafael Alberti estuvo pensando en Mondrian, quizás después de ver uno de sus cuadros, cuando compuso el poema «A la línea»:

A ti, contorno de la gracia humana,
recta, curva, bailable geometría,
delirante en la luz, caligrafía
que diluye la niebla más liviana.

A ti, sumisa cuanto más tirana,
misteriosa de flor y astronomía
imprescindible al sueño y la poesía,
urgente al curso que tu ley dimana.

A ti, bella expresión de lo distinto,
complejidad, araña, laberinto
donde se mueve presa la figura.

El infinito azul es tu palacio.
Te canta el punto ardiendo en el espacio.
A ti, andamio y sostén de la pintura.

Una cuestión que es posible plantearse es la de si estilos artísticos como el que representó Mondrian —que formó parte del movimiento Stijl (El Estilo)— tienen alguna base científica, en el sentido de dónde surge en la mente de su creador las imágenes que produce. Encontramos algunas claves para responderla, al menos parcialmente, en las declaraciones que realizó el gran historiador del arte Ernst Gombrich (1909-2001) durante el transcurso de una conversación con Bridger Riley, que tuvo lugar en 2002 y que se reproduce en su libro *The Essential Gombrich* (1996):

Al parecer, nuestra mente tiene muchas más dimensiones o variables, o como queramos llamarlas, de lo que se habría podido predecir a partir del estudio de los correlatos físicos que forman nuestras sensaciones. Parece que en los últimos treinta años nos hemos alejado, o los científicos se han alejado mucho, de las teorías de la visión que se aceptaban como verdad absoluta, y que incluso hemos aprendido en la escuela, que sitúan todas las sensaciones en la retina y sostienen que explicando lo que sucede en la retina podemos explicar cómo vemos. Es evidente que esto ya no es así, o por mejor decir, nunca lo fue. El descubridor de la cámara Polaroid, Edwin Land, demostró en varios experimentos que los más sorprendentes fenómenos cromáticos pueden producirse utilizando sólo dos colores [...]. Y más recientemente, los neurólogos, en particular Margaret Livingstone en Harvard, han hecho pruebas con el cerebro mediante electrodos y han realizado desagradables experimentos con monos, y han descubierto realmente que en el cerebro hay centros que sólo responden al color, otros sólo a la forma, otros sólo al movimiento, y estos diversos sistemas interactúan de la forma más sorprendente y desconcertante, de tal modo que lo que otro científico de la visión, J. J. Gibson, llamó 'la impresionante complejidad de la visión' se ha convertido en un hecho científico.

Las sospechas más que certidumbres de Gombrich se han visto confirmadas por el desarrollo de la neurociencia, como bien explicó en un libro, *The Age of Insight. The Quest to Understand the Unconscious in Art, Mind, and Brain, from Vienna 1900 to the Present* (2012), Eric R. Kandel, Premio Nobel de Fisiología o Medicina en 2000 «por sus descubrimientos relativos a la señal de transducción en el sistema nervioso», La conexión de las manifestaciones artísticas con la ciencia neurológica abre nuevas puertas para entender las raíces de obras como las de Mondrian, y también otras, como las de Mark Rothko (1903-1973) en las que los colores dominan las telas mostrando sutiles variaciones de tono, que acaso sólo el inaccesible fondo neuronal puede apreciar. «No todos los espectadores —citando de nuevo a H. W. Janson— saben responder a la obra de este artista solitario e introspectivo. Para aquellos que lo logran, la experiencia resulta equivalente a un estado de éxtasis.» El éxtasis de la belleza admirada.

El ya mencionado pintor Gustavo Torner proporciona otro ejemplo de arte abstracto, en este caso manifiestamente inspirado en temas científicos. Si repasamos el catálogo de este artista conquense, y dejando al lado su bellísima serie de 40 *collages* «Vesalio. El cielo, las geometrías y el mar», encontramos obras como los «Homenajes» a Newton, Oppenheimer, Edison, Galileo, Parménides o Pitágoras, a quien también dedicó una escultura, «La sombra de Pitágoras (La rectitud de las cosas)», «A Luca Pacioli. Destrucción de formas por la luz», «Summer waves» o «Líquido fuego, I y II». Salvo, si acaso, en el «Homenaje a Galileo», donde una plomada recuerda el péndulo con el que sabio pisano consiguió llegar a la ley de la caída de los graves, lo representado no es un objeto, lo que domina son formas, colores, líneas. Y sin embargo, si los títulos significan algo habrá que concluir que la sensibilidad y forma de entender la naturaleza de Torner y, acaso en general, de artistas abstractos como él, llevan asociadas imágenes diferentes de *la realidad*. Un atisbo de lo que Torner entiende por realidad se halla en la ya citada lección magistral que pronunció en la Universidad de Castilla-La Mancha en 1986:

> Debemos ser justos y aceptar que si no fuera por la ciencia tampoco podríamos tener otras vivencias: ¿Cómo aceptar hoy día lo que se llama arte realista, aceptarlo como reflejo de la realidad, cuando sabemos por la ciencia que la realidad, y esto nos afecta mucho, va desde las partículas atómicas a las galaxias y nos encontramos alabando ingenuamente lo bien que está pintada la arruga del pantalón?

El surrealismo y la ciencia

Encontramos en el surrealismo otro tipo de reacción artística ante la «realidad inmediata». Se trata de un movimiento, que tiene entre sus más destacados proponentes a Max Ernst (1891-1976), Salvador Dali (1904-1989), Rene Magritte (1898-1967) o Paul Delvaux (1897-1994), y que hunde sus raíces en el psicoanálisis de Sigmund Freud, que dio carta de naturaleza al inconsciente, una de cuyas principales manifestaciones se encuentra en los sueños. En este sentido surrealismo y ciencia están relacionados, y aunque el estatus científico de la obra de Freud haya sido y sea cuestionado, con justicia, los escritos de Freud han apoyado, si no justificado, al movimiento surrealista, un movimiento, por cierto, que como ejemplifican algunos *collages* de Max Ernst, no es infrecuente que contengan referencias objetos científicos o mecanismos tecnológicos. Es el bien conocido caso de Dalí, que fascinado por la relatividad, cosmología, física cuántica y biología molecular, plasmó sus ideas en algunos de sus cuadros: relojes deformados, que recuerdan lo que es el tiempo en la teoría de la relatividad general, o la ya mencionada doble hélice de ADN. Menos conocida es Remedios Varo (1908-1961), la pintora surrealista catalana que terminó sus días en México, a donde había llegado en 1942, exiliada, como tantos otros españoles, por causa de la incivil Guerra Civil española. Reconozco que tengo un apego especial por esta artista. Para la portada de dos de mis libros elegí dos de sus cuadros: para *El Siglo de la Ciencia*, el titulado «Fenómeno de ingravidez» (1963), y para *Los mundos de la ciencia*, «Planta insumisa» (1961). En el libro *Remedios Varo, El tejido de los sueños. Obra escrita*, se puede leer lo que la propia artista explicó sobre estas dos obras. De la primera: «La tierra se escapa de su eje y su centro de gravedad, al grandísimo asombro del astrónomo que trata de conservar su equilibrio encontrándose con el pie izquierdo en una dimensión y con el derecho en otra». Y de la segunda: «Este científico experimenta con plantas y vegetales diversos. Está perplejo porque hay una planta rebelde. Todas están ya echando sus ramas en forma de figuras y fórmulas matemáticas, menos una que insiste en dar una flor, y la única ramita matemática que echó al principio y que cae sobre la mesa era muy débil y mustia y además equivocada pues dice: 'dos y dos son casi cuatro'. Cada pelo del científico es una fórmula matemática». Puro pensamiento surrealista plasmado en cuadros.

Cuando escogí estos cuadros no conocía estas explicaciones, pero se ajustan bien a lo que, de alguna manera, se hallaba en «la trastienda» de mi pensamiento, ese que a veces aflora cuando estamos dormidos, pero que fue la vigilia de los surrealistas. También incluí en otro de mis libros, *Albert Einstein. Su vida y su obra* (2015) otro cuadro de Varo, el titulado «La ciencia inútil o el alquimista» (1958), que me sirvió para expresar metafóricamente la esencia de la relatividad general: la unión del espacio-tiempo con lo que éste contiene, y cómo ese contenido condiciona su geometría: el vestido del alquimista, y el propio alquimista, que surge del suelo, del espacio-tiempo.

En este libro, por cierto, utilicé para la portada un cuadro del pintor, diseñador, grabador y escultor suizo Hans Erni (1909-2015), quien utilizó profusamente temas y personajes de la ciencia en muchas de sus obras. La portada contiene un retrato de Albert Einstein (1970), sentado delante de una pizarra en la que aparecen escritas varias fórmulas matemáticas de la teoría de la relatividad general. Otras obras de Erni muestran: el Sistema Solar («Explorateurs et merveilles»; 1960), en el que aparecen huellas de pisadas humanas dirigidas hacia lo que parece la órbita de la Tierra, como metáfora del camino que trajo aquí la vida, nuestra vida, desde algún lejano lugar de nuestra galaxia, la Vía Láctea; un hombre cuya cabeza es ya una calavera, rodeado de átomos, alegoría a los efectos de la radiactividad («L'homme irradié»; 1984); o «L'arbre de la connaisance»; 1978), en el que destacan cadenas de la doble hélice del ADN.

Ciencia y arte reunidos, fecundándose mutuamente en numerosos lugares, lo que nos conduce a que la ciencia, en sus diversas formas y manifestaciones, no es ajena a la belleza; no es una actividad árida sino una con gran capacidad de albergar hermosura, no sólo por la importancia de sus resultados y por la coherencia y solidez de sus construcciones teóricas, sino por sus propios contenidos, y una capaz, así mismo, de inspirar hermosas obras a músicos y creadores de arte.

BIBLIOGRAFÍA

Bronowski, Jacob, *El ascenso del hombre* (Capitán Swing, Madrid 2016).

Darwin, Charles, *Autobiografía* (Laetoli, Pamplona 2008).

Einstein, Albert, *Notas autobiográficas* (Alianza Editorial, Madrid 1984).

Feynman, Richard, *El carácter de la ley física* (Antoni Bosch editor, Barcelona 1983).

Gombrich, Ernst, *Gombrich esencial*, Richard Woodfield, ed. (Debate, Madrid 1997).

Janson, H. W. *Historia general del arte. 4. El mundo moderno* (Alianza Editorial, Madrid 1991).

Kandel, Eric, *La Era del inconsciente. La exploración del inconsciente en el arte, la mente y el cerebro, desde Viena 1900 a nuestros días* (Paidós, Barcelona 2021).

Kemp, Martin, «A drawing for the *Fabrica*; and

some thoughts upon the Vesalius muscle-man»,
Medical History 14, 277-288 (1970).

Mandelbrot, Benoît, *El fractalista* (Tusquets, Barcelona 2014).

Mosterín, Jesús y Torretti, Roberto, *Diccionario de Lógica y filosofía de la ciencia* (Alianza Editorial, Madrid 2010).

Penrose, Roger, «Lionel Penrose: Colleague and Friend», en *Pioneer in Human Genetics*, Sue Povey y Marina Press, eds. (Centre for Human Genetics at University College, Londres 1998), pp. 4-8.

Russell, Bertrand, *Autobiografía* (Edhasa, Barcelona 2010).

Sarton, George, «Leonardo da Vinci (1452-1519)», en *Ensayos de Historia de la Ciencia* (UTEHA, México 1968), pp. 122-149.

Thompson, D'Arcy, *Sobre el crecimiento y la forma* (Cambridge University Press, Madrid 2003).

Torner, Gustavo, *Escritos* (Real Academia de Bellas Artes de San Fernando, Madrid 2021).

Varo, Remedios, *Remedios Varo, El tejido de los sueños. Obra escrita*, Isabel Castells Molina, ed. (Renacimiento, 2023).

VV. AA., *Santiago Ramón y Cajal (1852-2003). Ciencia y arte* (La Casa Encendida, Madrid 2003).

VV. AA., *Explorando el mundo. Poesía de la ciencia. Antología*, Miguel García-Posada, ed. (Gadir, Madrid 2006).

Weinberg, Steven, *El sueño de una teoría final* (Crítica, Barcelona).

Zee, A., *Fearful Symmetry. The Search for Beauty on Modern Physics* (Princeton University Press, Princeton 1999).

En el canto XXVI del «*Infierno*» de *La divina comedia*, Dante describe el viaje que Ulises emprendió en barco hacia el hemisferio sur y que condujo a su muerte. Cuando «estaban ya viejos y tardos» llegaron al estrecho donde Hércules había elevado las míticas columnas tras las cuales se extendía un mundo desconocido. Pero lejos de amilanarse, Ulises animó a sus compañeros, diciéndoles:

«Considerad vuestra ascendencia:
para vida animal no habéis nacido
sino para adquirir virtud y ciencia».

Al igual que Ulises, yo animo a todos a superar las columnas de Hércules del temor o la ignorancia con respecto a la ciencia, el mejor instrumento que hemos creado los humanos para intentar entender qué somos y dónde estamos. Además, también allí encontrarán belleza: los paisajes hermosos del conocimiento.